ELEMENTE DER MATHEMATIK

NIEDERSACHSEN
7. Schuljahr
Lösungen

Herausgegeben von

Heinz Griesel

Helmut Postel

Friedrich Suhr

Schroedel

Elemente der Mathematik 7
Niedersachsen
Lösungen

Herausgegeben von
Prof. Dr. Heinz Griesel, Prof. Helmut Postel, Friedrich Suhr

Bearbeitet von
Christine Fiedler, Reinhard Kind, Werner Ladenthin, Prof. Dr. Matthias Ludwig, Prof. Helmut Postel, Heinz Klaus Strick, Friedrich Suhr

Für Niedersachsen bearbeitet von
Arno Bierwirth, Reinhard Kind, Hans Kramer, Dr. Guido Pinkernell, Alheide Röttger, Thomas Sperlich, Friedrich Suhr, Wilhelm Weiskirch

Druck A[1] / Jahr 2006

Alle Drucke der Serie A sind im Unterricht parallel verwendbar.
Die letzte Zahl bezeichnet das Jahr des Druckes.

Redaktion: Claus Peter Witt
Herstellung: Udo Sauter
Umschlagsfoto: Kalt/Zefa-Corbis
Umschlagsentwurf: Loeper & Wulf, Hannover
Zeichnungen: Günter Schlierf
Satz: Christina Gundlach
Druck: pva Druck und Mediendienstleistungen, Landau

ISBN 978-3-507-87217-2

Inhaltsverzeichnis

3. Berechnungen an Vielecken und Prismen

4. Mehrstufige Zufallsexperimente

5. Lineare Funktionen

1. Dreiecke und Vierecke

8 Lernfeld: Passgenaue Figuren

1. Auftrag: Erzeugen von Vierecken aus Dreiecken mithilfe von Abbildungen

Eine Intention ist die Wiederholung von (Kongruenz-) Abbildungen und die Erkenntnis, dass bei diesen Abbildungen passgenaue Figuren entstehen. Dies wird später aufgegriffen bei zueinander kongruenten Figuren. Die Benennung der Vierecke dient auch der Wiederholung.
Wenn man nicht mit einem DGS arbeitet, kann es bei der Drehung hilfreich sein, Transparentpapier zu verwenden; die Lösung (gleichschenkliges Dreieck) wird wohl erst nach einigem Probieren herausgefunden und nicht analytisch gewonnen werden.
1. Punkt: Ist eine Seite des Dreiecks orthogonal zur Spiegelachse entsteht ein Dreieck, in allen anderen Fällen ein Viereck.
2. Punkt: Liegt der Spiegelpunkt auf dem Rand des Dreiecks genau zwischen zwei Eckpunkten, entsteht ein Viereck.
3. Punkt: Wird das Dreieck um den gleichen Winkel wie der zum Drehpunkt gehörige Innenwinkel des Dreiecks gedreht, entsteht ein Viereck, falls das Originaldreieck gleichseitig ist.
4. Punkt: Durch eine Verschiebung allein lässt sich kein Viereck erzeugen.
5. Punkt: Auf diese Weise entstandene Vierecke weisen Symmetrien auf. In den ersten drei Punkten entstehen Drachen, Parallelogramm, Drachen in dieser Reihenfolge.

9 **2. Auftrag: Passt genau oder nicht?**

Hier sollen erste Erfahrungen mit passgenauen Dreiecken gemacht werden. Der Nachweis kann auch gut mit Transparentpapier erfolgen. Vermutlich werden verschiedene „Kongruenzsätze“ entdeckt werden (drei Stücke müssen übereinstimmen). Bei den Vierecken ergibt sich dann die (überraschende) Erkenntnis, dass mehr als vier Stücke paarweise übereinstimmen müssen. Dies wird später bei der Konstruktion von Vierecken wieder aufgegriffen.
1. Punkt: D1 und D7, D5 und D6, D3 und D4, D2 bleibt übrig.
2. Punkt: Keine Lösung.

3. Auftrag: Winkel in großen Figuren

Hier soll intuitiv mit dem Kongruenzsatz sss umgegangen werden: wenn die drei Seiten paarweise übereinstimmen, dann auch die Winkel. Diese Erkenntnis ergibt sich besonders gut, wenn verschiedene Gruppen beim Zeichnen auch verschiedene Maßstäbe nehmen. Eventuell wird auch die Umkehrung problematisiert (später: ähnliche Figuren).
Keine Lösungen

1.1 Kongruente Figuren

11 **1.** Oskar Brummer und Edu Knästling

12 **2. a)** ABC ≅ PQR (a = p, b = q, c = r)

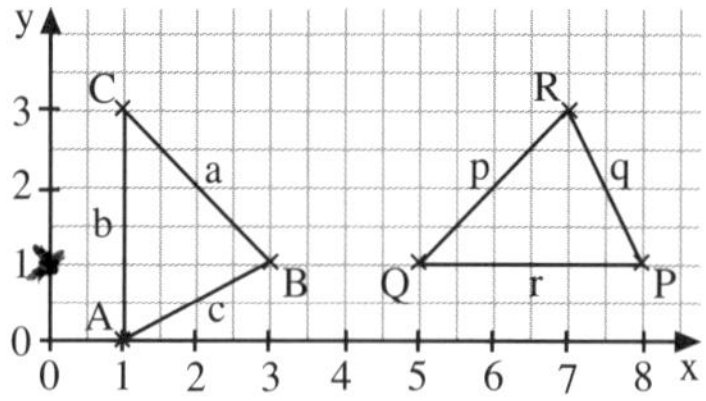

c) ABC ≅ PQR (a = q, b = p, c = r)

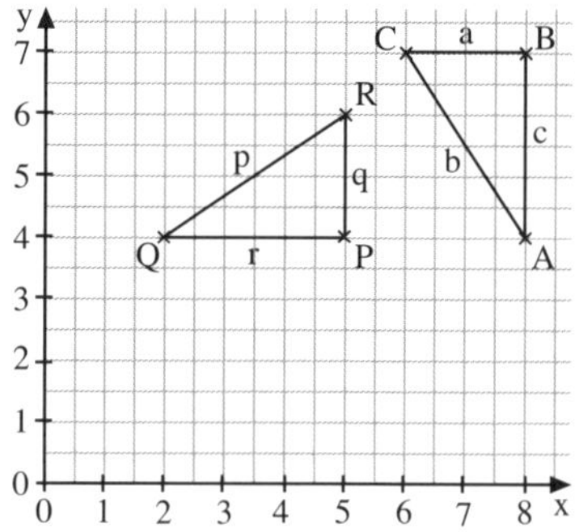

b) ABC ≅ PQR (a = q, b = r, c = p)

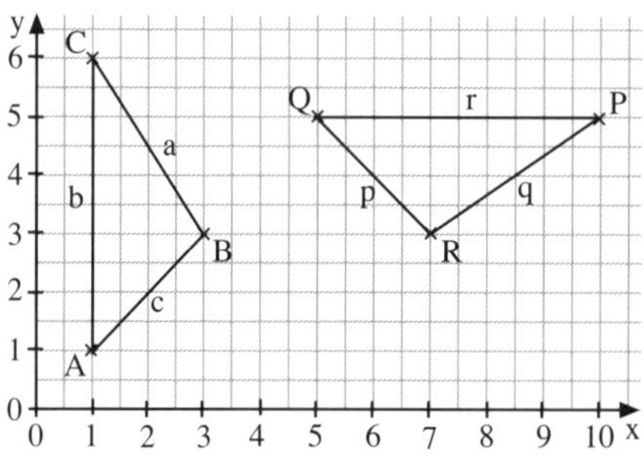

d) ABC ≇ PQR

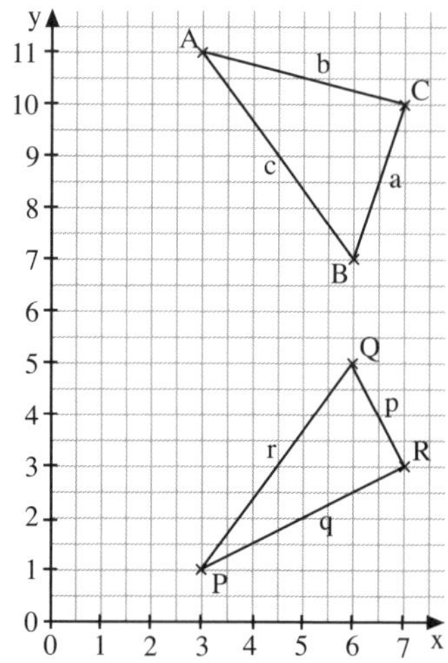

3. a)

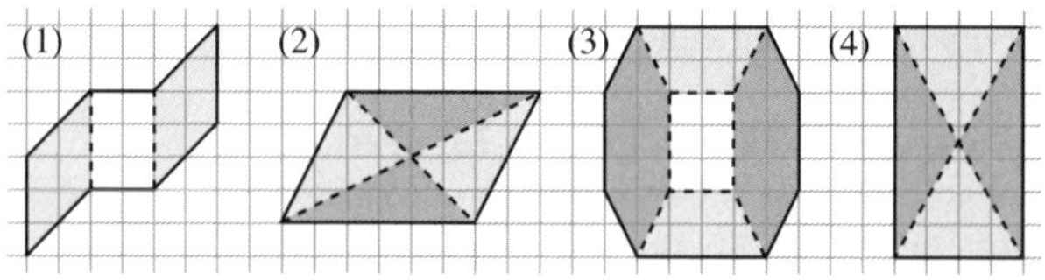

b) -

4. Kreise: gleich große Radien
Quadrate: gleich große Seitenlängen
Rechtecke: gleich große Seitenlängen

12 **5.** **a)** Falsch; Gegenbeispiel siehe rechts.
b) Das gilt für alle regelmäßigen Vielecke und für Kreise.

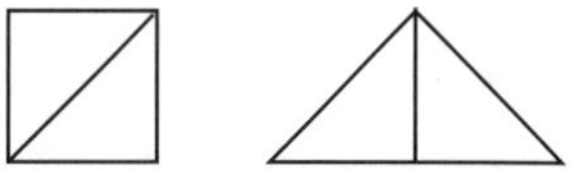

6. **a)** ABCD ≅ EFGH ABFE ≅ DCGH BCGF ≅ ADHE
Bei einem Würfel sind alle Seitenflächen kongruent zueinander.
b) ABS ≅ BCS ≅ CDS ≅ DAS

7. **a)** und **b)** Durch Einzeichnen von einer Diagonalen [von beiden Diagonalen; von beiden Diagonalen und beiden Mittellinien].
c) Durch Einzeichnen eines Durchmessers [von zwei zueinander orthogonalen Durchmessern; zusätzlich die Winkelhalbierenden der 90°-Winkel; zusätzlich die Winkelhalbierenden der 45°-Winkel].

8. Z. B. Punktspiegelung am Mittelpunkt der Diagonalen $\overline{AC}$.

Im Blickpunkt: Erstellen von Vorlagen für Mandalas mit DGS

13 **1.** -

14 **2.** Einzelschritte der Zeichnung:
1. Schritt: Zeichne Kreis mit 4 Spiegelachsen in 45°-Winkeln zueinander.
2. Schritt: Zeichne 8 Kreise um die Schnittpunkte der Spiegelachsen mit dem Anfangskreis im Radius des Anfangskreises.
3. Schritt: Zeichne einen zum Anfangskreis konzentrischen Kreis durch die Schnittpunkte der äußeren 8 Kreise untereinander.
4. Schritt: Zeichne einen weiteren, zum Anfangskreis konzentrischen Kreis mit dem doppelten Radius des Anfangskreises.
5. Schritt: Verstecke die 4 Spiegelachsen.

3. Einzelschritte der Zeichnung:
1. Schritt: Zeichne zwei konzentrische Kreise, der größere hat den doppelten Radius des kleineren.
2. Schritt: Zeichne um einen beliebigen Punkt auf dem Rand des kleinen Kreises einen Hilfskreis mit dem Radius des kleinen Kreises.
3. Schritt: Zeichne drei Spiegelachsen des kleinen Kreises durch den Mittelpunkt des Hilfskreises und durch die Schnittpunkte des Hilfskreises mit dem kleinen Kreis.
4. Schritt: Verbinde benachbarte Schnittpunkte des großen Kreises mit den Spiegelachsen miteinander.
5. Schritt: Verbinde übernächste Nachbarn der Schnittpunkte des großen Kreises mit den Spiegelachsen miteinander.
6. Schritt: Wiederhole 5. mit den dabei übrig gebliebenen Schnittpunkten.
7. Schritt: Wiederhole 5. und 6. für den kleinen Kreis.
8. Schritt: Verstecke unnötige Linienteile und den Hilfskreis.

14 **4.** Einzelschritte der Zeichnung:

1. Schritt: Zeichne einen Kreis mit zwei zueinander orthogonalen Spiegelachsen (hier kann die Konstruktion der Mittelsenkrechten verwendet werden).

2. Schritt: Zeichne bei jeder Spiegelachse einen Kreis um einen Schnittpunkt dieser mit dem Anfangskreis mit dem Radius des Anfangskreises.

3. Schritt: Zeichne durch Mittelpunkt und Schnittpunkt dieser beiden Hilfskreise insgesamt 4 weitere Spiegelachsen des Anfangskreises ein.

4. Schritt: Zeichne um die so entstandenen Schnittpunkte der 6 Spiegelachsen mit dem Kreisrand insgesamt 12 Kreise mit einem Radius, sodass jeder Kreis durch den Mittelpunkt seines Nachbarkreises verläuft.

5. Schritt: Zeichne durch die Schnittpunkte zweier benachbarter Kreise jeweils eine Gerade. Verbinde benachbarte Kreismittelpunkte.

6. Schritt: Zeichne 12 weitere, zu denen aus 4. konzentrische Kreise mit einem Radius, sodass die Kreise durch die benachbarten Schnittpunkte der Geraden und Verbindungslinien aus 5. verlaufen.

7. Schritt: Verstecke bis auf die in 6. entstandenen Kreise und den Anfangskreis alle Linien.

8. Schritt: Zeichne zwei zum Anfangskreis konzentrische Kreise, die die 12 Kreise aus 6. berühren, aber nicht schneiden. Beide Kreise sollen unterschiedlich groß sein.

9. Schritt: Beschrifte die Mittelpunkte der 12 Kreise aus 6. gemäß einem Ziffernblatt einer Uhr.

5. -

1.2 Dreieckskonstruktionen – Kongruenzsätze

1.2.1 Konstruktion eines Dreiecks aus drei Seiten – Kongruenzsatz sss

16 **2.** c muss kleiner als die Summe der Seitenlängen von a und b sein, da sich sonst die Kreise um die Endpunkte von c mit den Radien a bzw. b nicht schneiden, also muss c kürzer als 11 cm sein.
Ebenso muss c größer als die Differenz von a und b sein, also länger als 3 cm.

3. $\alpha \approx 29°$, $\beta \approx 45°$, $\gamma \approx 105°$

4. Die Innenwinkel sind 79°, 44° und 57° groß.

16 **5.** Konstruktionsbeschreibung:
(1) Zeichne $\overline{AC}$ mit b = 4 cm
(2) Zeichne um C einen Kreis mit Radius a.
(3) Zeichne um A einen Kreis mit Radius c.
(4) Bezeichne einen Schnittpunkt der Kreise mit B.
(5) Zeichne das Dreieck ABC.
Innenwinkel: $\alpha \approx 83°$, $\beta \approx 53°$, $\gamma \approx 44°$

17 **6.** **a)** $\alpha \approx 36°$, $\beta \approx 44°$, $\gamma \approx 100°$
b) Kein Dreieck; b + c = a
c) Kein Dreieck; a + c < b
d) $\alpha \approx 104°$, $\beta \approx 46°$, $\gamma \approx 29°$
e) $\alpha \approx 124°$, $\beta \approx 15°$, $\gamma \approx 41°$
f) Kein Dreieck; a + b < c
g) Kein Dreieck; a + c = 12
h) $\alpha = 116°$, $\beta \approx 44°$, $\gamma \approx 20°$
i) Kein Dreieck; b + c = a

7. **a)** c ≈ 5,4 cm, $\alpha \approx 55°$, $\beta \approx 62{,}5°$, $\gamma \approx 62{,}5°$; ungefähre Koordinaten des dritten Eckpunktes: C (3,0 | 7,1)
b) a ≈ 5,8 cm, $\alpha \approx 85°$, $\beta \approx 37°$, $\gamma \approx 59°$; ungefähre Koordinaten des dritten Eckpunktes: A (8,0 | 4,5)
c) b ≈ 5,8 cm, $\alpha \approx 20°$, $\beta \approx 49°$, $\gamma \approx 111°$; ungefähre Koordinaten des dritten Eckpunktes: B (3,6 | 8,1)
d) c ≈ 5,1 cm, $\alpha \approx 34°$, $\beta \approx 93°$, $\gamma \approx 53°$; ungefähre Koordinaten des dritten Eckpunktes: C (6,5 | 7,6)

8. **a)** a = b, $\alpha = \beta \approx 72{,}5°$, $\gamma \approx 35°$ **b)** c = a, $\alpha = \gamma \approx 54°$, $\beta \approx 73°$

9. $\alpha \approx 28°$

10. **a)** Dreieck: nein, Rechteck: ja
b) Weil das Tor sonst nur aus einzelnen Rechtecken bestehen würde. Dann wäre es instabil (siehe Teilaufgabe a).
c) Sind sie nicht, weil die Winkel unterschiedlich groß sein können. Z. B. ein Quadrat und eine Raute mit gleicher Seitenlänge müssen nicht kongruent zueinander sein.

11. a = 3,3 cm, b = 4,4 cm, c = 5,5 cm, $\alpha \approx 37°$, $\beta \approx 53°$, $\gamma = 90°$

12. (1) Zeichne einen 52° großen Winkel mit dem Scheitelpunkt A.
(2) Zeichne eine Halbgerade h mit dem Anfangspunkt S.
(3) Wähle auf einem Schenkel des Winkels den Punkt B, auf dem anderen Schenkel den Punkt C.

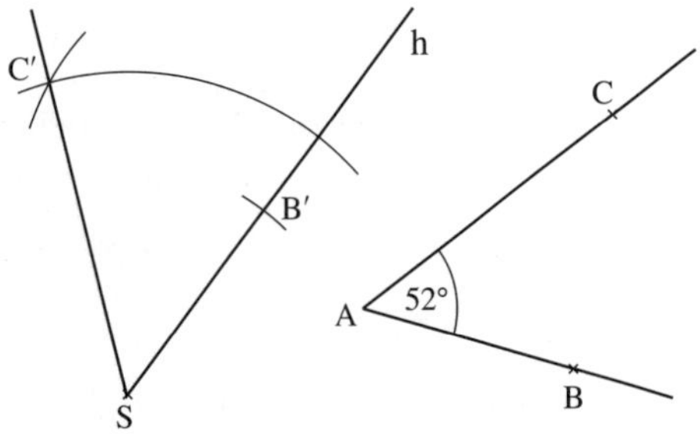

(4) Trage mit dem Zirkel auf der Halbgeraden von S aus die Strecke $\overline{AB}$ ab. Nenne den Endpunkt B'.

17 **12.** (5) Zeichne um S einen Kreis mit dem Radius $\overline{AC}$ und um B' einen Kreis mit dem Radius $\overline{BC}$. Er schneidet den Kreis.

(6) Die Dreiecke ABC und SB'C' sind zueinander kongruent, also gilt: $\sphericalangle B'SC' = \sphericalangle BCA = 52°$.

1.2.2 Konstruktion aus zwei Seiten und einem Winkel – Kongruenzsatz sws

18 **2.** 40°; 5,05 m

19 **3.** Kreis um A mit r = 8 cm; Schnittpunkt mit dem freien Schenkel ergibt den Eckpunkt C.
$a \approx 8{,}2$ cm; $\beta \approx 66{,}5°$, $\gamma \approx 43{,}5°$

4. a) (1) Zeichne $\overline{AC}$ mit b = 5,5 cm.
(2) Trage in C den Winkel γ an.
(3) Zeichne Kreis um C mit Radius a; bezeichne den Schnittpunkt des Kreises mit dem Schenkel von γ mit B.
(4) Zeichne das Dreieck ABC.
$c \approx 7{,}5$ cm, $\alpha \approx 26°$, $\beta \approx 44°$

b) Folgende Seiten und Winkel können gegeben sein: a, b, γ; b, c, α; a, c, β
Der Winkel muss kleiner als 180° sein.

5. a) $a \approx 9{,}0$ cm; $\beta \approx 49°$, $\gamma \approx 31°$
b) $b \approx 5{,}8$ cm, $\alpha \approx 30°$, $\gamma \approx 95°$
c) $c \approx 4{,}8$ cm, $\alpha \approx 58°$, $\beta \approx 41°$
d) $b \approx 8{,}3$ cm, $\alpha \approx 39°$, $\gamma \approx 15°$

6. $|BC| \approx 8{,}3$ km

7. a) $c \approx 5{,}3$ cm, $\alpha \approx 58°$, $\beta \approx 32°$
b) $a \approx 2{,}6$ cm, $\beta \approx 54°$, $\gamma \approx 36°$

8. a) a = b, $\alpha = \beta = 70{,}5°$, $c \approx 3{,}1$ cm
b) a = c, $\alpha = \gamma = 37{,}5°$, $b \approx 4{,}9$ cm

9. (1) Die Dreiecke sind kongruent zueinander, weil sie paarweise in den Längen zweier Seiten und der Größe des eingeschlossenen Winkels übereinstimmen.
(2) Die Dreiecke sind nicht zueinander kongruent, da im zweiten Dreieck γ_1 der eingeschlossene Winkel ist, der nach dem Winkelsummensatz nicht 125° groß sein kann.

1.2.3 Konstruktion aus zwei Seiten und einem Winkel – Kongruenzsatz Ssw

21

2. (1) b ist kürzer als 5 cm, aber länger als der Abstand zum anderen Schenkel des Winkels (Abstand zur Seite c).
(2) b ist kürzer als der Abstand zum anderen Schenkel des Winkels (Abstand zur Seite c).

3. *Eine Lösung:*
a ist gleich dem Abstand von B zum anderen Schenkel des Winkels (Abstand von der Seite b; a ≈ 4,3 cm) oder a ist länger als c oder gleich lang, also a ≥ 5,7 cm.
Zwei Lösungen:
a ist kürzer als c aber länger als der Abstand zum anderen Schenkel.
Keine Lösung:
a ist kürzer als der Abstand zum anderen Schenkel. Durch die Verkettung der Kongruenzabbildungen wird Dreieck ABC auf Dreieck RST abgebildet. Die Dreiecke sind somit kongruent zueinander.

4. *Eine Lösung:*
a ist gleich dem Abstand von B zum anderen Schenkel des Winkels (Abstand von der Seite b; a ≈ 6,5 cm) oder a ist länger als c oder gleich lang, also a ≥ 8 cm.
Zwei Lösungen:
a ist kürzer als c aber länger als der Abstand zum anderen Schenkel.
Keine Lösung:
a ist kürzer als der Abstand zum anderen Schenkel.

5. a) Konstruktionsbeschreibung:
(1) Zeichne $\overline{BC}$ mit a = 5 cm.
(2) Trage in B den Winkel β = 65° an.
(3) Zeichne um C einen Kreis mit r = 7,5 cm; bezeichne den Schnittpunkt des Kreises mit einem freien Schenkel von β mit C.
(4) Zeichne das Dreieck ABC.
c ≈ 8,1 cm, α ≈ 37°, γ ≈ 78°

b) α, c, a; c, a, γ; β, a, b; b, a, α; γ, b, c; b, c, β

6. a) a ≈ 5,6 cm, α ≈ 44°, β ≈ 49° **b)** c ≈ 3,6 cm, β ≈ 38°, γ ≈ 32°

7. (1) *1. Lösung:* b ≈ 10,0 cm, β ≈ 86°, γ ≈ 64°; A ≈ 22,4 cm²
2. Lösung: b ≈ 5,6 cm, β ≈ 34°, γ ≈ 116°; A ≈ 12,6 cm²
(2) Zeichnerisch erhält man genau eine Lösung:
b ≈ 7,5 cm, β ≈ 56°, γ ≈ 90°; A ≈ 18,8 cm²
(3) Es gibt keine Lösung, da der Kreis um B mit dem Radius a = 5 cm den anderen Schenkel von α nicht schneidet.

21

8. *Zum Beispiel:*
1. Dreieck: $c \approx 8{,}7$ cm, $\alpha \approx 53°$, $\gamma \approx 92°$
2. Dreieck: $c \approx 2{,}8$ cm, $\alpha \approx 127°$, $\gamma \approx 18°$

9. Die Entfernung beträgt ungefähr 520 m.

10. **a)** $\alpha = 90°$, $c \approx 3{,}0$ cm, $\beta \approx 47°$, $\gamma = 43°$
b) $\beta = 90°$, $c \approx 4{,}9$ cm, $\alpha \approx 34°$, $\gamma \approx 56°$

11. **a)** $a = b$, $\alpha = \beta$, $c \approx 6{,}1$ cm, $\gamma = 112°$
b) $c = b$, $\beta = \gamma$, $a \approx 2{,}8$ cm, $\alpha = 50°$

1.2.4 Konstruktion aus einer Seite und zwei Winkeln – Kongruenzsatz wsw

22

2. **a)** $\gamma = 87°$, $a \approx 3{,}25$ cm, $\beta \approx 5{,}65$ cm
b) Man kann den 3. Winkel berechnen und erhält so den Kongruenzsatz wsw.

3. $a \approx 9{,}0$ m, $b \approx 6{,}0$ m

23

4. $\beta = 20°$, $a \approx 8{,}6$ cm, $b \approx 3{,}1$ cm

5. **a)** Konstruktionsbeschreibung:
(1) Zeichne $\overline{AC}$ mit $b = 4$ cm.
(2) Trage in A den Winkel $\alpha = 40°$ an.
(3) Trage in C den Winkel $\gamma = 65°$ an; bezeichne den Schnittpunkt der beiden Schenkel mit B.
(4) Zeichne das Dreieck ABC.
$\beta = 75°$, $a \approx 2{,}7$ cm, $c \approx 3{,}8$ cm
b) Es können folgende Daten gegeben sein:
a, β, γ oder b, α, γ oder c, α, β.
Für die Winkel gilt, dass ihre Summe kleiner als 180° sein muss.

6. **a)** $a \approx 12{,}0$ cm, $b \approx 6{,}4$ cm, $\gamma = 40°$ **c)** $b \approx 8{,}8$ cm, $c \approx 5{,}3$ cm, $\alpha = 56°$
b) $a \approx 2{,}9$ cm, $c \approx 3{,}5$ cm, $\beta = 86°$ **d)** $a \approx 6{,}8$ cm, $b \approx 10{,}0$ cm, $\gamma = 30°$

7. **a)** $\gamma = 90°$, $a \approx 4{,}4$ cm, $c \approx 6{,}4$ cm, $\beta = 47°$
b) $\gamma = 90°$, $a \approx 2{,}3$ cm, $c \approx 4{,}4$ cm, $\alpha = 31°$

8. **a)** $a = b \approx 5{,}0$ cm, $\gamma = 46°$, $\alpha = 67°$ **b)** $\alpha = \beta = 57{,}5°$, $a = b \approx 4{,}5$ cm

9. $|AC| \approx 1{,}7$ km $\qquad |BC| \approx 2{,}3$ km

23

10. (1) Die Dreiecke sind zueinander kongruent, weil sie in einer Seite und den beiden anliegenden Winkeln übereinstimmen.
(2) Die Dreiecke sind nicht zueinander kongruent, da die der gegebenen Seiten anliegenden Winkel unterschiedlich groß sind.

11. $\gamma = 67°$, $e \approx 29{,}8$ m, $|BC| \approx 38{,}4$ m, $|AC| \approx 33{,}8$ m

1.2.5 Vermischte Übungen zu den Kongruenzsätzen

24

1. Man kann die Dreiecke nur eindeutig nachzeichnen, wenn durch die Vorgabe der Strecke einer der Kongruenzsätze gilt.

2. **a)** $c \approx 5{,}0$ cm, $\alpha \approx 66°$, $\beta \approx 47°$ (sws)
b) $b \approx 11{,}2$ cm, $\alpha \approx 32°$, $\beta \approx 95°$ (Ssw)
c) Kein Dreieck; $b + c < a$
d) $\alpha = 80°$, $b \approx 3{,}8$ cm, $c \approx 3{,}1$ cm (wsw)
e) $\alpha \approx 102°$, $\beta \approx 44°$, $\gamma \approx 34°$ (sss)
f) $\gamma = 75°$, $a \approx 3{,}8$ cm, $b \approx 4{,}8$ cm (wsw)
g) Kein Dreieck; $\alpha + \gamma > 180°$
h) $a \approx 4{,}8$ cm, $\gamma \approx 40°$, $\beta \approx 104°$ (sws)
i) $\alpha \approx 51°$, $\beta \approx 36°$, $\gamma \approx 93°$ (sss)
j) $\alpha \approx 26°$, $\gamma \approx 107°$, $c \approx 6{,}5$ cm (Ssw)
k) Kein Dreieck; Kreisbogen um B mit dem Radius $a = 4{,}2$ cm schneidet nicht den Schenkel von α.
l) $\alpha \approx 90°$, $\beta \approx 55°$, $\gamma \approx 35°$ (sss)
m) $b \approx 1{,}2$ cm, $\alpha \approx 43°$, $\beta \approx 8°$ (Ssw)
n) $\alpha = 93°$, $a \approx 15{,}0$ cm, $c \approx 13{,}4$ cm (wsw)
o) $b \approx 4{,}8$ cm, $\alpha \approx 63°$, $\gamma \approx 39°$ (sws)
p) Kein Dreieck; $\beta + \gamma > 180°$
q) $\gamma = 90°$, $c \approx 6{,}4$ cm, $b \approx 3{,}8$ cm (wsw)
r) $\beta = 55°$, $a \approx 5{,}3$ cm, $c \approx 2{,}3$ cm (wsw)

25

3. **a)** $\alpha = 90°$, $\beta = 63°$, $a \approx 9{,}5$ cm, $b \approx 8{,}4$ cm
b) $a \approx 3{,}6$ cm, $\alpha \approx 50°$, $\beta \approx 40°$, $\gamma = 90°$

4. **a)** $b \approx 4{,}8$ cm, $\alpha \approx 35°$, $\beta = \gamma \approx 72°$
b) $\gamma = 72°$, $\beta = 36°$, $a = c \approx 8{,}6$ cm

5. Die Winkelsumme muss 180° sein. Die Lösungsdreiecke sind nur kongruent zueinander, wenn entsprechende Seitenlängen gleich lang sind.

6. **a)** $|AB| \approx 7{,}1$ km **b)** 9,75 km **c)** $\alpha \approx 102°$, $\beta \approx 33°$, $\gamma \approx 45°$

25

7. **a)** $a \approx 7{,}1$ cm, $b \approx 4{,}0$ cm, $c \approx 5{,}8$ cm, $\alpha = 90°$, $\beta \approx 34°$, $\gamma \approx 56°$
b) $a \approx 7{,}1$ cm, $b = 5{,}0$ cm, $c = 5{,}0$ cm, $\alpha = 90°$, $\beta = \gamma = 45°$
c) $a \approx 6{,}4$ cm, $b = 5{,}0$ cm, $c \approx 5{,}8$ cm, $\alpha \approx 72°$, $\beta \approx 48°$, $\gamma \approx 60°$

8. d ist die Länge der Diagonalen der Grundfläche; $d \approx 56{,}6$ cm, $s \approx 60{,}1$ cm

26

9. **a)** Für ein Postpaket der Größe XL darf der Stab höchstens 61,6 cm lang sein.
b)

Postpaket XS:	26,9 cm	Postpaket L:	49,4 cm
Postpaket S:	32,1 cm	Postpaket XL:	61,6 cm
Postpaket M:	42,2 cm	Postpaket F:	41,7 cm

10. Der Fluss ist 47 m breit.

11. **a)** $\delta = 58°$ **b)** $\delta = 81°$

12. (1) $\gamma_1 = 180° - \alpha_1 - \beta_1 = 37°$
Die Dreiecke ABC und A'B'C' sind nach dem Kongruenzsatz wsw zueinander kongruent.
(2) $\alpha_1 = 180° - \beta_1 - \gamma_1 = 49°$
Die an c bzw. b_1 anliegenden Winkel sind 105° und 26° bzw. 49° und 26° groß. Die Dreiecke ABC und A'B'C' sind nicht zueinander kongruent.

13. Es gilt: $|AB| = |CD|$ (gegenüberliegende Seiten sind gleich lang)
$|BC| = |AD|$
$|AC| = |AC|$ (gleiche Strecke)
Nach dem Kongruenzsatz sss sind die Dreiecke ABC und ACD zueinander kongruent.

14. AD ist Symmetrieachse des Dreiecks.
$|BD| = |DC|$ (nach Voraussetzung)
$\beta = \gamma$ (nach Voraussetzung)
$\sphericalangle BDA = \sphericalangle CDA = 90°$ (AD ist Symmetrieachse)
Die Dreiecke ABD und ADC sind nach dem Kongruenzsatz wsw zueinander kongruent.

26 **15.** Sei ABC ein rechtwinkliges Dreieck mit $\gamma = 90°$. Dann gilt nach dem Satz des Pythagoras $a^2 + b^2 = c^2$.
Betrachte nun ein Dreieck $A'B'C'$, das mit ABC in einer Seite und 2 Winkelgrößen übereinstimmt, z. B. $c' = c$ und $\alpha' = \gamma = 90°$, $\beta' = \beta$ und $\gamma' = \alpha$.

Dann gilt mit Pythagoras $(\alpha' = 90°)$ $c'^2 + b'^2 = a'^2$. Da $c' = c$ folgt daraus $c^2 + b'^2 = a'^2 \Leftrightarrow a^2 + b^2 + b'^2 = a'^2$. Da aber $b^2 + b'^2 > 0$ ist $a^2 \neq a'^2$ und somit $a \neq a'$.
Da die Dreiecke ABC und $A'B'C'$ also nicht gleiche Maße haben, sind sie nicht kongruent zueinander.

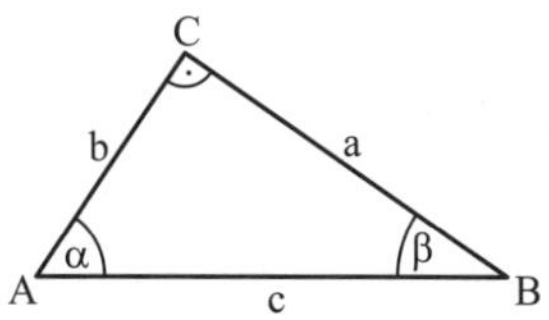

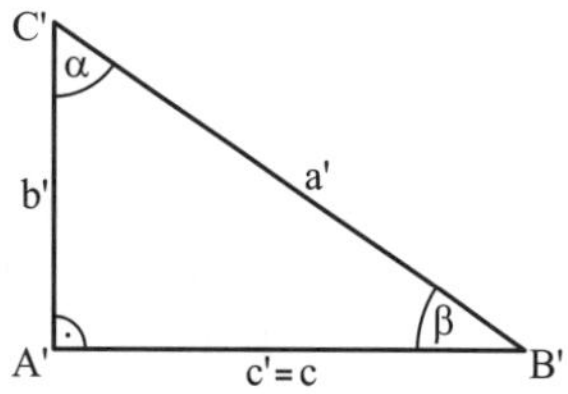

Dies ist aber kein Widerspruch zu den Kongruenzsätzen, denn der Kongruenzsatz wsw gibt auch die Lage der Winkel an, die übereinstimmen müssen.

1.3 Beweisen – Satz und Kehrsatz

1.3.1 Anwenden der Kongruenzsätze beim Beweisen

27 **2.** Es entsteht eine Raute EFGH.
Die Dreiecke AEH, EBF, FCG und GDH sind nach dem Kongruenzsatz sws zueinander kongruent, da je zwei Seiten auf den Rechteckseiten gleich lang sind und diese einen rechten Winkel einschließen.
Damit gilt: $|EF| = |FG| = |GH| = |HE|$

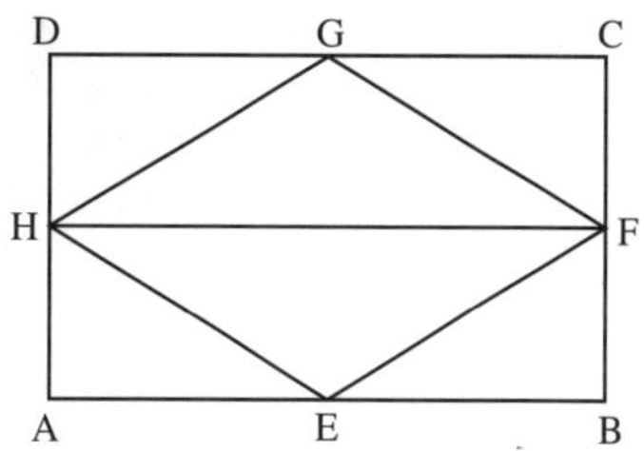

28 **3. a)** Es ist nach Voraussetzung $|AB| = |AD|$, $|BC| = |CD|$, $|AC| = |AC|$.
Die Dreiecke sind also kongruent zueinander (sss).

b) Nach Voraussetzung gilt $|AC| = |CB|$, $|DC| = |DC|$ und
$\sphericalangle\, CDA = \sphericalangle\, BDC = 90°$.
Mit dem Kongruenzsatz Ssw sind die Dreiecke kongruent zueinander.

c) Nach Voraussetzung gilt $|BD| = |BD|$, $|AD| = |BC|$ und
$\sphericalangle\, BAD = \sphericalangle\, DCB$ (Winkel an geschnittenen Parallelen).
Demnach sind die Dreiecke kongruent zueinander (Ssw).

28

4. Die Dreiecke sind nicht zueinander kongruent, da die gegebenen Stücke sich nicht entsprechen. Der Winkel β liegt der gegebenen Seite einmal gegenüber und einmal an dieser Seite.

5. a) Zerlege zunächst das Dreieck ABC mithilfe der Höhe h_c mit dem Fußpunkt D in zwei Teildreiecke ADC und DBC.
Dann gilt:
(1) $|AC| = |BC|$ (nach Voraussetzung),
(2) $|CD| = |CD|$ (gleiche Strecke)
(3) $\sphericalangle$ CDA = $\sphericalangle$ BDC = 90°.
Nach dem Kongruenzsatz Ssw sind die Dreiecke kongruent zueinander und somit die Winkel α und β gleich groß.

b) Es gilt:
(1) $|CD| = |CD|$ (gleiche Strecke)
(2) $\sphericalangle$ CDA = $\sphericalangle$ BDC = 90° (nach Voraussetzung)
(3) $\alpha = \beta$ (nach Voraussetzung)
Nach dem Kongruenzsatz sww sind die Dreiecke ADC und DBC kongruent zueinander. Also gilt $|AC| = |BC|$.

6. a) *Voraussetzung:* ABCD ist ein Parallelogramm, es gilt also:
$|AB| = |CD|$, $|BC| = |AD|$, $\alpha = \gamma$ und $\beta = \delta$.
E und G sind jeweils die Seitenmitten, also gilt: $|AE| = |EB|$ und $|CG| = |GD|$.

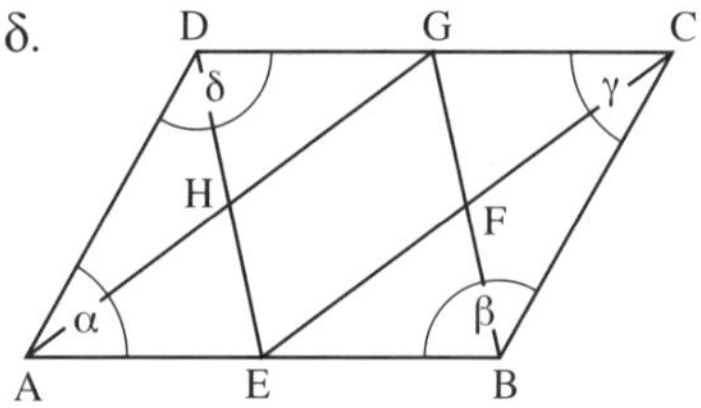

Behauptung: EFGH ist ein Parallelogramm.
Beweis:
Wir zeigen EF || GH und EH || GF,
indem wir zeigen, dass AECG und EBGD Parallelogramme sind.
Zunächst zeigen wir die Kongruenz der Dreiecke BCE und AGD bzw. AED und BCG:
(1) $|BC| = |AD|$ (nach Voraussetzung)
(2) $|EB| = |GD|$ (nach Voraussetzung)
(3) $\beta = \delta$ (nach Voraussetzung)
Nach dem Kongruenzsatz sws sind die Dreiecke BCE und AGD kongruent zueinander.
Somit gilt auch:
(4) $|EC| = |AG|$
Nach Voraussetzung gilt:
(5) $|AE| = |CG|$
Mit (4) und (5) ist das Viereck AECG ein Parallelogramm.
Außerdem gilt:
(6) $|AE| = |GC|$ (nach Voraussetzung)
(7) $|AD| = |BC|$ (nach Voraussetzung)

28 **6. a)** Fortsetzung

(8) $\alpha = \gamma$ (nach Voraussetzung)

Nach dem Kongruenzsatz sws sind die Dreiecke AED und CGB zueinander kongruent. Somit gilt:

(9) $|ED| = |BG|$

Nach Voraussetzung gilt:

(10) $|EB| = |GD|$

Mit (9) und (10) folgt wieder, dass das Viereck EBGD ein Parallelogramm ist.

Da AECG und EGBD Parallelogramme sind, gilt $AG \parallel EC$ und $ED \parallel BG$. Somit gilt auch $EF \parallel HG$ und $EH \parallel FG$.

Also ist EFGH ein Parallelogramm.

b) *Voraussetzung:* ABCD ist ein Parallelogramm, also gilt:

$|AB| = |CD|$, $|BC| = |AD|$,

$\alpha = \gamma$ und $\beta = \delta$. E, F, G und H sind die Seitenmitten, deshalb gilt:

$|AE| = |EB| = |CG| = |GD|$ und

$|BF| = |FC| = |DH| = |HA|$.

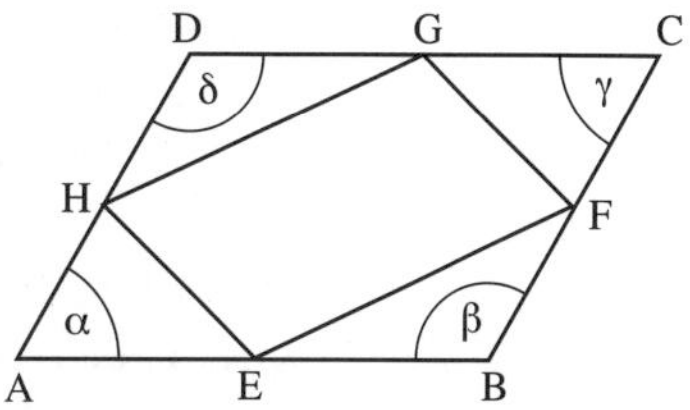

Behauptung: EFGH ist ein Parallelogramm.

Beweis: Wir zeigen zunächst: Dreieck AEH kongruent zu Dreieck CGF.

Es gilt:

(1) $|AE| = |CG|$ (nach Voraussetzung),

(2) $|AH| = |CF|$ (nach Voraussetzung),

(3) $\alpha = \gamma$ (nach Voraussetzung).

Nach dem Kongruenzsatz sws sind die Dreiecke AEH und CGF kongruent zueinander. Somit gilt:

(4) $|EH| = |FG|$.

Nun wird die Kongruenz von BFE und DHG gezeigt.

Es gilt:

(5) $|EB| = |GD|$ (nach Voraussetzung),

(6) $|BF| = |DH|$ (nach Voraussetzung) und

(7) $\beta = \delta$ (nach Voraussetzung).

Nach dem Kongruenzsatz sws sind die Dreiecke BFE und DHG kongruent zueinander.

Somit gilt:

(8) $|EF| = |GH|$.

Wegen (4) und (8) ist das Viereck EFGH ein Parallelogramm.

1.3.2 Eigenschaften besonderer Vierecke – Beweis

30 **2.** -

31 **3.**

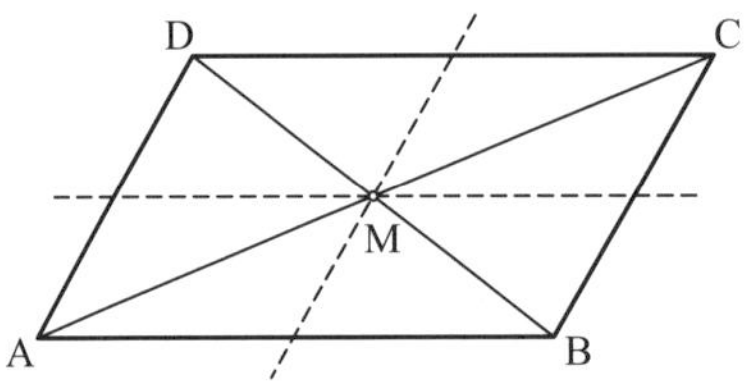

Der Schnittpunkt M halbiert die beiden Diagonalen.
Ein Parallelogramm ist ein punktsymmetrisches Viereck.
Beweis: Bei der Halbdrehung um den Schnittpunkt M der Mittelparallelen wird $\overline{AB}$ auf $\overline{CD}$ und $\overline{CD}$ auf $\overline{AB}$ abgebildet. Dadurch wird A auf C und B auf D abgebildet. Das Parallelogramm ABCD ist somit punktsymmetrisch und der Schnittpunkt der Diagonalen ist M.
Dadurch, dass $\overline{AM}$ genauso lang wie $\overline{MC}$ und $\overline{BM}$ genauso lang wie $\overline{DM}$ ist, halbiert M die Diagonalen.

4. -

5. Rauten (insbesondere Quadrate),
Parallelogramme (insbesondere Rechtecke)

1.3.3 Wenn - dann - Formulierung – Kehrsatz eines Satzes

33 **1. a)** Gegenbeispiel siehe Bild.
Die Diagonalen sind gleich lang, aber das Viereck ist kein Parallelogramm, da gegenüberliegende Seiten nicht parallel sind.

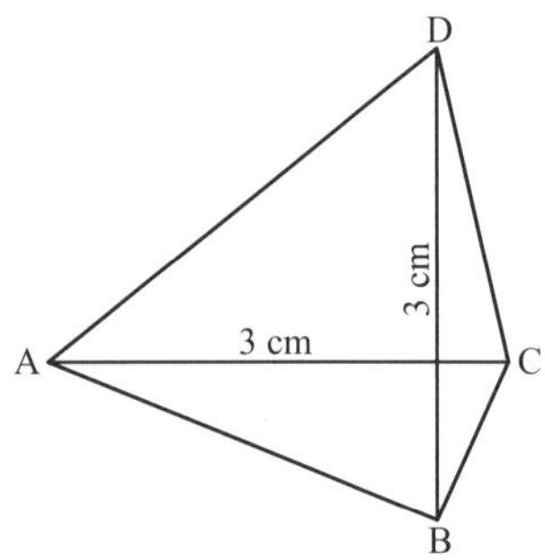

b) *Kehrsatz:* Wenn ein Viereck keinen überstumpfen Winkel besitzt, dann sind in dem Viereck zwei Winkel rechte.
Dieser Kehrsatz ist falsch. *Gegenbeispiel:* Jedes Parallelogramm, das kein Rechteck ist, besitzt keinen überstumpfen Winkel, aber auch keinen rechten Winkel.

33

2. **a)** Man konstruiert zunächst das Dreieck ABM nach dem Kongruenzsatz sws, dann das Dreieck MCD auch nach dem Kongruenzsatz sws ($\sphericalangle$ CMD = $\sphericalangle$ AMB = 128°; Scheitelwinkelsatz) und erhält so das Viereck ABCD: Es handelt sich vermutlich um ein Parallelogramm.

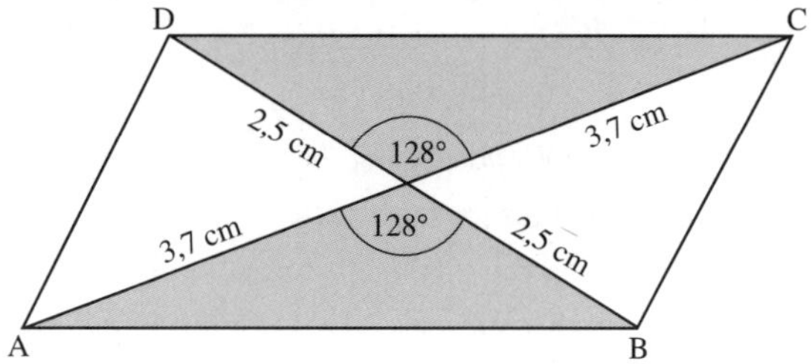

b) *Satz:* Wenn die Diagonalen eines Vierecks einander halbieren, dann ist das Viereck ein Parallelogramm.
Der Satz ist richtig; wir beweisen ihn.
Voraussetzung: $|AM| = |MC|$ und $|BM| = |MD|$
Behauptung: Das Viereck ist ein Parallelogramm, also $AB \parallel CD$ und $BC \parallel AD$.
Beweis:
Das Viereck wird durch die Diagonalen in vier Teildreiecke zerlegt.
Die Dreiecke ABM und DCM sind kongruent zueinander, weil:
(1) $|AM| = |MC|$ (nach Voraussetzung)
(2) $|BM| = |MD|$ (nach Voraussetzung)
(3) $\sphericalangle$ AMB = $\sphericalangle$ CMD (Scheitelwinkelsatz)
Nach dem Kongruenzsatz sws ist also ABM kongruent zu DCM. Somit stimmen die Dreiecke auch in den anderen Größen überein,
z. B. $\sphericalangle$ BAM = $\sphericalangle$ DCM. Beide Winkel sind Wechselwinkel an den von der Geraden AC geschnittenen Geraden AB und CD. Hieraus folgt nach dem Kehrsatz des Wechselwinkelsatzes $AB \parallel CD$.
Ebenso zeigt man $\sphericalangle$ MBA = $\sphericalangle$ MDC, also $BC \parallel AD$.

3. **a)** *Satz:* Wenn ein Viereck ein Parallelogramm ist, dann ist es punktsymmetrisch.

b) *Kehrsatz:* Wenn ein Viereck punktsymmetrisch ist, dann ist es ein Parallelogramm.
Der Kehrsatz ist richtig; wir beweisen ihn.
Voraussetzung: Viereck ABCD ist punktsymmetrisch.
Behauptung: ABCD ist ein Parallelogramm.
Beweis: Aufgrund der Punktsymmetrie sind gegenüberliegende Seiten jeweils gleich lang. Das Viereck ABCD ist also ein Parallelogramm.

34

4. (1) *Voraussetzung:* Zum Beispiel
$AB \parallel CD$ und $|AC| = |CD|$.
Behauptung: ABCD ist ein Parallelogramm.
Beweis:
(1) $|AC| = |CD|$ (Voraussetzung)
(2) $\alpha_1 = \gamma_2$ (Wechselwinkelsatz)
(3) $\alpha_2 = \gamma_1$ (Wechselwinkelsatz)
Nach dem Kongruenzsatz wsw ist ABC kongruent zu ACD.
Daraus folgt $|BC| = |AD|$. Somit sind die gegenüberliegenden Seiten gleich lang; das Viereck ABCD ist ein Parallelogramm.

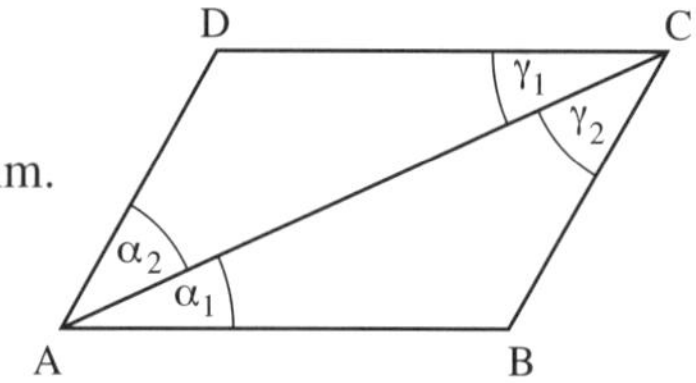

(2) *Voraussetzung:* In einem Viereck ABCD gilt $AC \perp BD$.
Behauptung: Alle vier Seiten des Vierecks sind gleich lang.
Die Behauptung ist falsch.
Gegenbeispiel siehe Bild.

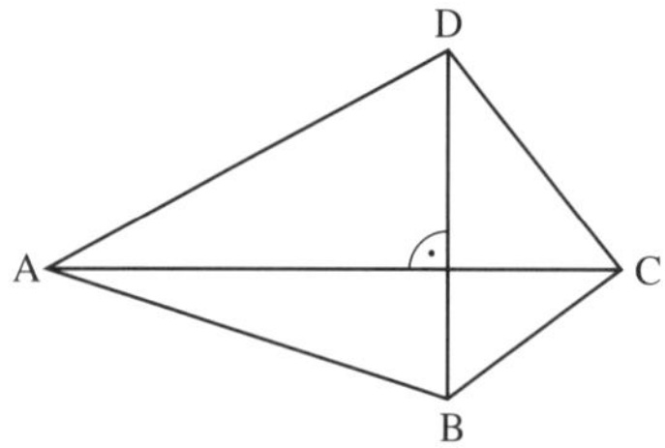

(3) *Voraussetzung:* In einem Viereck ABCD sind wenigstens zwei gegenüberliegende Winkel gleich groß.
Behauptung: Das Viereck ABCD ist ein Parallelogramm.
Die Behauptung ist falsch.
Gegenbeispiel siehe Bild.

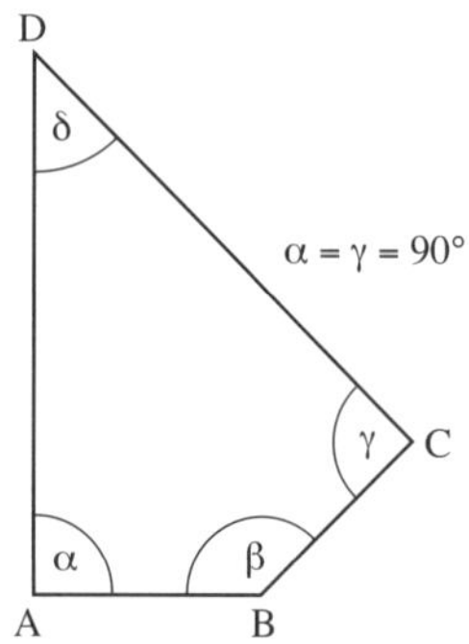

(4) *Voraussetzung:* In einem Viereck ABCD sind die gegenüberliegenden Seiten parallel zueinander.
Behauptung: Alle vier Seiten im Viereck ABCD sind gleich lang.
Die Behauptung ist falsch.
Gegenbeispiel: Alle Parallelogramme, die keine Rauten sind, also mit $|AB| \neq |BC|$.

5. a) *Voraussetzung:* α und β sind Stufenwinkel und β und γ sind Wechselwinkel zueinander.
Behauptung: α und γ sind Wechselwinkel zueinander.
Die Behauptung ist falsch.
Gegenbeispiel siehe Bild.
Hier sind α und γ Scheitelwinkel.

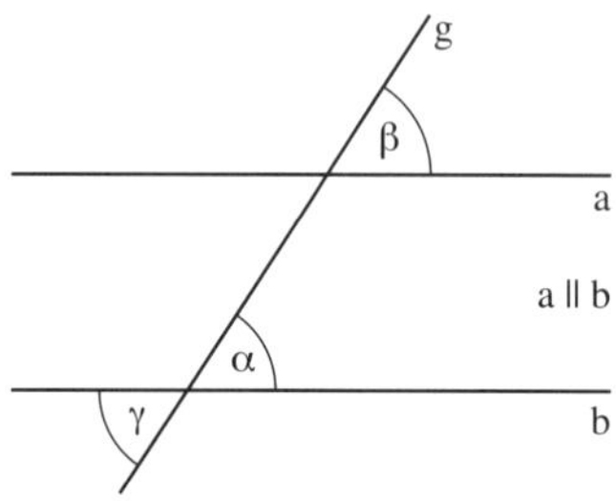

34

5. **b)** *Voraussetzung:* α und β sind Stufenwinkel, und β und γ sind Scheitelwinkel zueinander.
Behauptung: α und γ sind Wechselwinkel zueinander.
Beweis: Siehe Bild.

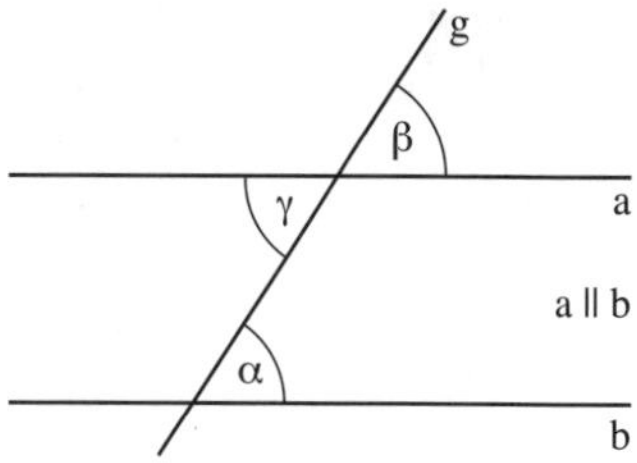

6. (1) *Satz:* Wenn ein Dreieck gleichschenklig ist, dann sind die Basiswinkel gleich groß.
Kehrsatz: Wenn in einem Dreieck die Basiswinkel gleich groß sind, dann ist das Dreieck gleichschenklig.
(2) *Satz:* Wenn ein Dreieck gleichseitig ist, dann sind alle Winkel gleich groß.
Kehrsatz: Wenn in einem Dreieck alle Winkel gleich groß sind, dann ist das Dreieck gleichseitig.
(3) *Satz:* Wenn ein Dreieck rechtwinklig ist, dann liegt der Scheitelpunkt des rechten Winkels auf dem Halbkreis über der längsten Seite.
Kehrsatz: Wenn in einem Dreieck der Scheitelpunkt des Winkels, der der längsten Seite gegenüberliegt auf dem Halbkreis über der längsten Seite liegt, dann ist das Dreieck rechtwinklig.

7. **a)** *Satz:* Wenn ein Viereck ein Parallelogramm ist, dann ergänzen sich benachbarte Innenwinkel zu 180°.
Der Satz ist richtig; wir beweisen ihn.
Voraussetzung: Das Viereck ABCD ist ein Parallelogramm, also $AB \parallel CD$ und $BC \parallel AD$.
Behauptung: $\alpha + \beta = \beta + \gamma = \gamma + \delta = \delta + \alpha = 180°$.
Beweis:
Nach dem Stufenwinkelsatz ist $\alpha = \beta^*$ (wegen $AD \parallel BC$).
Nach dem Nebenwinkelsatz ist $\beta^* + \beta = 180°$.
Wegen $\alpha = \beta^*$ also $\alpha + \beta = 180°$.
Ebenso zeigt man $\beta + \gamma = 180°$, $\gamma + \delta = 180°$ und $\delta + \alpha = 180°$.

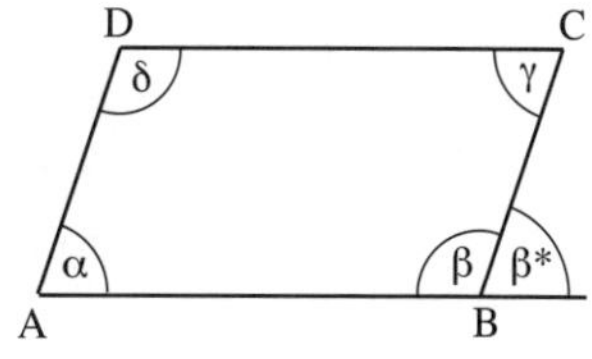

34

7. b) *Kehrsatz:* Wenn sich in einem Viereck benachbarte Innenwinkel zu 180° ergänzen, dann ist das Viereck ein Parallelogramm.
Der Kehrsatz ist richtig; wir beweisen ihn.
Voraussetzung: Im Viereck ABCD gilt
$\alpha + \beta = \beta + \gamma = \gamma + \delta = \delta + \alpha = 180°$.
Behauptung: ABCD ist ein Parallelogramm.
Beweis:
Nach dem Nebenwinkelsatz ist
$\beta^* + \beta = 180°$, also $\beta^* = 180° - \beta$.
Nach Voraussetzung ist aber auch
$\alpha + \beta = 180°$ also ist $\alpha = 180° - \beta$.
Also ist $\alpha = \beta^*$.
Nach dem Kehrsatz des Stufenwinkelsatzes folgt $AD \parallel BC$.

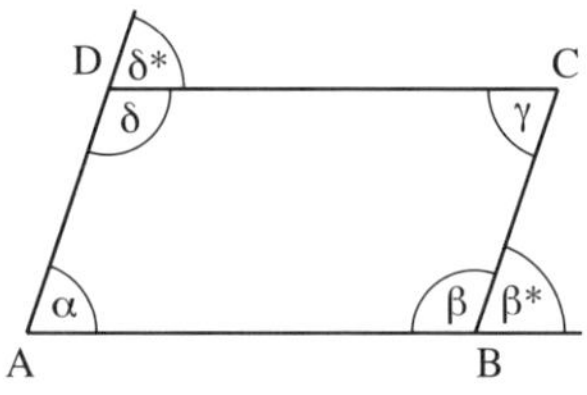

Ebenso zeigt man $AB \parallel CD$ wegen $\alpha = \delta^*$.

c) Nach Teilaufgabe a) ergänzen sich in einem Parallelogramm benachbarte Innenwinkel zu 180°. Bei einer einspringenden Ecke ist der Innenwinkel größer als 180°, was im Widerspruch zu obiger Aussage steht.

8. (1) Widerlegen durch Gegenbeispiel:
Ein Quadrat ist ebenfalls ein Rechteck und dieses Rechteck hat sogar vier Symmetrieachsen.

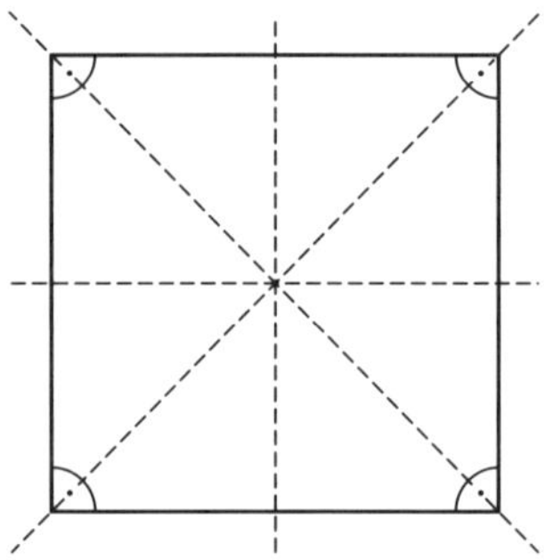

(2) *Voraussetzung:* ABCD ist ein Parallelogramm mit $\overline{AB} \parallel \overline{DC}$, $\overline{AD} \parallel \overline{BC}$ und Symmetrieachse $\overline{AC}$.
Behauptung: ABCD ist eine Raute.
Beweis: ABCD ist ein Parallelogramm, d. h. gegenüberliegende Seiten gleich lang, also $|AB| = |DC|$ und $|AD| = |BC|$.

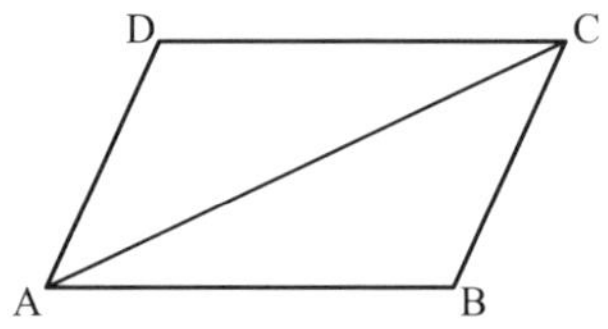

Da $\overline{AC}$ Symmetrieachse ist, geht das Dreieck ACD durch Spiegelung aus $\overline{AC}$ aus dem Dreieck ABC hervor, d. h. $|BC| = |DC|$ und $|AB| = |AD|$.
Damit ergibt sich $|AB| = |BC| = |CD| = |AD|$, alle Seiten des Parallelogramms sind gleich lang.
Also ist ABCD eine Raute.

34

9. **a)** *Voraussetzung:* ABCD ist ein Viereck mit $|AB| = |BC| = |CD| = |AD|$ und $\alpha = 90°$.

Behauptung: ABCD ist ein Quadrat

Beweis: Da $|AB| = |BC|$ ist das Dreieck Δ ABC gleichschenklig mit $\frac{\alpha}{2} = 45°$ und $\frac{\gamma}{2} = 45°$. Nach der Winkelsumme in Dreiecken muss $\beta = 90°$ sein. Somit sind aufgrund des Kongruenzsatzes sws die Dreiecke ABC und ABD kongruent zueinander.

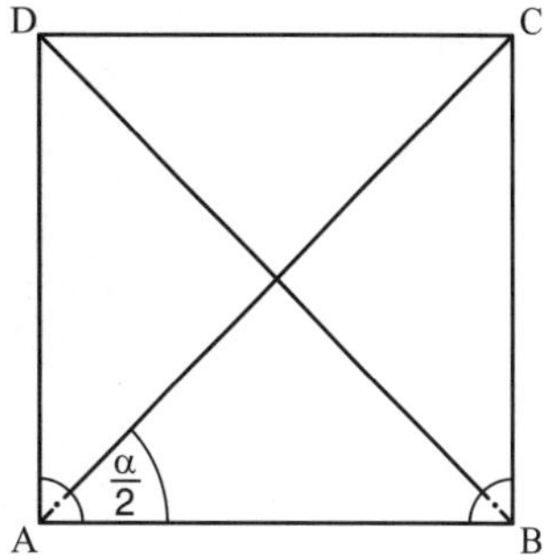

Damit ist $|BD| = |AC|$, die Diagonalen sind gleich lang und ABCD muss ein Quadrat sein.

b) *Voraussetzung:* ABCD ist ein Parallelogramm mit der Diagonalgeraden AC und $\alpha_1 = \alpha_2$ sowie $\gamma_1 = \gamma_2$.

Behauptung: ABCD ist eine Raute.

Beweis: Im Parallelogramm gilt $\alpha = \gamma$, also wegen $\alpha_1 = \alpha_2$ und $\gamma_1 = \gamma_2$ auch $\alpha_1 = \gamma_1$ und $\alpha_2 = \gamma_2$.

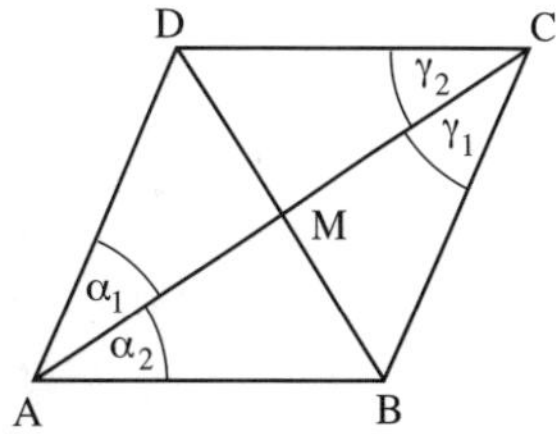

Die Dreiecke ABC und CDA sind also gleichschenklig.

Damit gilt $|AB| = |BC|$ und $|CD| = |AD|$.

Im Parallelogramm gilt $|AB| = |CD|$ und $|AD| = |BC|$

Daraus folgt $|AB| = |BC| = |CD| = |AD|$ also ist ABCD eine Raute.

10. (1) Wenn eine natürliche Zahl durch 2 (ohne Rest) teilbar ist, dann ist sie auch durch 4 teilbar.
Dieser Kehrsatz ist falsch.
Gegenbeispiel: 6 ist durch 2 teilbar, aber nicht durch 4.

(2) Wenn eine natürliche Zahl durch 3 (ohne Rest) teilbar ist, dann ist sie auch durch 6 teilbar.
Dieser Kehrsatz ist falsch.
Gegenbeispiel: 9 ist durch 3 teilbar, aber nicht durch 6.

(3) Wenn eine natürliche Zahl durch 6 teilbar ist, dann ist sie auch durch 2 und 3 teilbar.
Dieser Satz ist wahr, denn:
Alle durch 6 teilbaren Zahlen sind auch Vielfache von 2 und von 3, also durch 2 teilbar und durch 3 teilbar.

(4) Wenn die Summe zweier natürlicher Zahlen durch 7 (ohne Rest) teilbar ist, dann sind die beiden Zahlen auch durch 7 teilbar.
Dieser Kehrsatz ist falsch.
Gegenbeispiel: 8 + 13 = 21 ist durch 7 teilbar, 8 und 13 jedoch nicht.

(5) Wenn $a \leq b$, dann ist a Teiler von b.
Dieser Kehrsatz ist falsch.
Gegenbeispiel: $2 \leq 3$, aber 2 ist nicht Teiler von 3.

34 **10.** (6) Wenn die Straße nass ist, dann regnet es.
Dieser Kehrsatz ist falsch.
Gegenbeispiel: Es hat vorher geregnet, jetzt ist es trocken.
(7) Wenn jemand in Niedersachsen wohnt, wohnt er/sie in Lüneburg.
Dieser Kehrsatz ist falsch.
Gegenbeispiel: Wenn er/sie in Hannover wohnt, wohnt er/sie auch in Niedersachsen.
(8) Wenn jemand volljährig ist, dann ist er 18 Jahre alt.
Dieser Kehrsatz ist falsch.
Gegenbeispiel: Ist jemand 20 Jahre alt, ist er/sie auch volljährig.

1.3.4 Vom Definieren eines Begriffs

37 **2.** Auch bei einem Rechteck sind die gegenüberliegenden Seiten gleich lang, sodass die Eigenschaft (b) allein nicht ausreicht.
Fordert man Eigenschaft (e) noch dazu, ist dadurch eine Raute festgelegt.

3. a) (1) ist eine mögliche Definition für eine Raute.
(2) ist eine mögliche Definition für eine Raute.
b) (a) ausreichende Definition
(b) ausreichende Definition
(c) ausreichende Definition
(d) ausreichende Definition
(e) definiert kein gleichschenkliges Dreieck
(f) ausreichende Definition
(g) achsensymmetrisch reicht aus

4. (a) nicht ausreichende Definition
(b) treffende Definition
(c) es reicht aus, dass alle Winkel rechtwinklig sind
(d) falsch, nicht zutreffend
(e) ausreichende Definition
(f) ausreichende Definition
(g) ausreichende Definition
(h) nicht ausreichend; Zusatz nötig, dass alle Winkel rechtwinklig sein müssen

5. Definitionsvorschläge für ein Quadrat:
Ein Viereck ist ein Quadrat, wenn
(1) alle Seiten gleich lang und alle Winkel rechteckig sind,
(2) Diagonalen gleich lang sind, sie sich im rechten Winkel schneiden und sich gegenseitig halbieren,
(3) eine Raute gleich lange Diagonalen hat.

37

6. a) Definitionsvorschläge für einen Drachen:
Ein Viereck ist ein Drachen, wenn
(1) die Diagonalen zueinander senkrecht sind,
(2) eine Diagonale zwei gegenüberliegende Winkel halbiert,
(3) es zwei Paare gleich langer nebeneinander liegender Seiten gibt.

b) Dreiecksdefinition auf der Lehrbuchseite
Quadrat: (1) Alle Seiten sind parallel, gleichlang und stehen senkrecht aufeinander.
(2) Quadrate haben 4 Symmetrieachsen und sind punktsymmetrisch.

1.4 Konstruktion von Vierecken

40

2. Aufgrund der Symmetrie kennt man jeweils auch die Symmetriepartner der gegebenen Stücke. Zusätzlich sind bei Quadrat und Rechteck die rechten Winkel gegeben. Beim Quadrat benötigt man eine Seitenlänge, beim Rechteck die Seitenlängen zweier anliegender Seiten.
Bei der Raute benötigt man eine Seitenlänge und die Größe eines Winkels. Beim Parallelogramm benötigt man die Seitenlängen zweier anliegender Seiten und die Größe eines Winkels. Beim gleichschenkligen Trapez benötigt man die Seitenlängen der beiden zueinander parallelen Seiten und die Länge eines Schenkels bzw. die Größe eines Winkels oder entsprechender Stücke, insgesamt also drei Stücke, davon zwei Seitenlängen.

3. Im Allgemeinen benötigt man fünf Stücke, um ein Viereck zu konstruieren (siehe auch Schülerband Seite 39).

4. Mit diesen vier Größen ist das Viereck nicht eindeutig bestimmt.

5. Druckfehler in der 1. Auflage: Hier gibt es **nicht** nur ein Lösungsviereck.

a)	$a_1 \approx 2{,}9$ cm	bzw.	$a_2 \approx 7{,}6$ cm
	$e_1 \approx 4{,}8$ cm		$e_2 \approx 7{,}1$ cm
	$\alpha_1 \approx 122°$		$\alpha_2 \approx 57°$
	$\gamma \approx 96°$		$\gamma \approx 96°$
	$\delta_1 \approx 78°$		$\delta_2 \approx 143°$
b)	$e_1 \approx 1{,}8$ cm	bzw.	$e_2 \approx 4{,}8$ cm
	$f \approx 5{,}4$ cm		$f \approx 5{,}4$ cm
	$\beta_1 \approx 21°$		$\beta_2 \approx 64°$
	$\gamma_1 \approx 243°$		$\gamma_2 \approx 116°$
	$\delta_1 \approx 22°$		$\delta_2 \approx 106°$
c)	$d_1 \approx 2{,}1$ cm	bzw.	$d_2 \approx 5{,}6$ cm
	$e \approx 4{,}3$ cm		$e \approx 4{,}3$ cm
	$f_1 \approx 5{,}4$ cm		$f_2 \approx 5{,}8$ cm
	$\gamma_1 \approx 129°$		$\gamma_2 \approx 211°$
	$\delta_1 \approx 131°$		$\delta_2 \approx 49°$

40

6. **a)** $a = b = c = d = 4{,}2$ cm; $\alpha = \gamma = 115°$; $\beta = \delta = 65°$
[$a = b = c = d = 3{,}8$ cm; $\beta = \delta = 145°$; $\alpha = \gamma = 35°$]
b) $a = 6{,}8$ cm; $b = 4{,}1$ cm; $c = 6{,}8$ cm; $d = 4{,}1$ cm;
$\alpha = 65°$; $\beta = 115°$; $\gamma = 65°$; $\delta = 115°$
[$a \approx 6{,}5$ cm; $b \approx 6{,}7$ cm; $c = 3{,}5$ cm; $d = 4{,}6$ cm;
$\alpha = 123°$; $\beta = 35°$; $\gamma = 145°$; $\delta = 57°$]
c) $a \approx 3{,}2$ cm; $b = 5{,}1$ cm; $c = 3{,}9$ cm; $d \approx 0{,}8$ cm;
$\alpha = 120°$; $\beta = 60°$; $\gamma \approx 45°$; $\delta \approx 135°$
[$a = 2{,}7$ cm; $b \approx 3{,}7$ cm; $c \approx 3{,}1$ cm; $d = 4{,}7$ cm;
$\alpha \approx 108°$; $\beta \approx 72°$; $\gamma = 145°$; $\delta = 57°$]
d) $a = 4$ cm; $b = d = 2{,}9$ cm; $c \approx 0{,}3$ cm; $\alpha = \beta = 51°$; $\gamma = \delta = 129°$
[$a \approx 5{,}9$ cm; $b = d = 1{,}9$ cm; $c = 3{,}7$ cm; $\alpha = \beta = 55°$; $\gamma = \delta = 125°$]
e) $a = d = 4{,}2$ cm; $b = c = 1{,}9$ cm; $\alpha = 35°$; $\beta = \delta \approx 154°$; $\gamma \approx 17°$
[$a = d = 2{,}9$ cm; $b = c = 5{,}1$ cm; $\alpha \approx 47°$; $\beta = \delta = 135°$; $\gamma \approx 43°$]
f) $a = c = 3{,}8$ cm; $b = d = 5{,}9$ cm; $\alpha = \gamma = 94°$; $\beta = \delta = 86°$
[$a = c = 7{,}5$ cm; $b = d = 5{,}0$ cm; $\alpha = \gamma = 130°$; $\beta = \delta = 50°$]

7. **a)** $a = b = c = d \approx 4{,}65$ cm; $e = 2{,}4$ cm; $f = 9{,}6$ cm;
$\alpha = \gamma \approx 152°$; $\beta = \delta \approx 28°$
[$a = b = c = d \approx 3{,}9$ cm; $e \approx 4{,}2$ cm; $f = 6{,}5$ cm;
$\alpha = \gamma \approx 114°$; $\beta = \delta = 66°$]
b) $a = b = c = d \approx 2{,}8$ cm; $e = f = 4$ cm; $\alpha = \beta = \gamma = \delta = 90°$
[$a = b = c = d \approx 5{,}7$ cm; $e = f = 8$ cm; $\alpha = \beta = \gamma = \delta = 90°$]
c) $a = c = 5$ cm; $b = d = 4$ cm; $e \approx 8{,}2$ cm; $f \approx 3{,}9$ cm;
$\alpha = \gamma = 50°$; $\beta = \delta = 130°$
[$a = c \approx 4{,}8$ cm; $b = d = 5{,}2$ cm; $e = 6$ cm; $f = 8$ cm;
$\alpha = \gamma \approx 106°$; $\beta = \delta \approx 74°$]
d) $a = 5{,}4$ cm; $b = d = 3{,}1$ cm; $c \approx 2{,}7$ cm; $e = f \approx 4{,}9$ cm;
$\alpha = \beta = 64°$; $\gamma = \delta = 116°$
[$a = 6{,}1$ cm; $b = d \approx 7{,}8$ cm; $c \approx 0{,}3$ cm; $e = f = 7{,}9$ cm;
$\alpha = \beta = 68°$; $\gamma = \delta = 112°$]
e) $a = b = 6$ cm; $c = d = 4$ cm; $e \approx 4{,}1$ cm; $f \approx 9{,}1$ cm;
$\alpha = \gamma \approx 129°$; $\beta = 40°$; $\delta \approx 62°$
[$a = b \approx 3{,}9$ cm; $c = d = 7{,}8$ cm; $e \approx 1{,}0$ cm; $f = 4$ cm;
$\alpha = \gamma \approx 29°$; $\beta \approx 256°$; $\delta = 46°$]

41

8. Druckfehler in Teilaufgabe c): $e = 8$ cm
a) $a = 5{,}5$ cm; $b = 3{,}0$ cm; $c \approx 3{,}8$ cm; $d \approx 1{,}5$ cm; $e \approx 4{,}9$ cm; $f \approx 3{,}9$ cm;
$\alpha = 45°$; $\beta = 63°$; $\gamma = 117°$; $\delta = 135°$
b) $a = 5{,}9$ cm; $b = 3{,}4$ cm; $c = 5{,}9$ cm; $d = 3{,}4$ cm; $e \approx 6{,}3$ cm; $f \approx 7{,}3$ cm;
$\alpha = 100°$; $\beta = 80°$; $\gamma = 100°$; $\delta = 80°$
c) $a = 7$ cm; $b \approx 4{,}2$ cm; $c \approx 4{,}1$ cm; $d = 5$ cm; $e = 8$ cm; $f = 6$ cm;
$\alpha \approx 57°$; $\beta \approx 87°$; $\gamma \approx 93°$; $\delta \approx 123°$

41 **9.** Seitenwände: ≈ 12 m Winkel unten: $\approx 143°$ Winkel oben: $\approx 37°$

10. **a)** $c \approx 1{,}9$ cm
$f \approx 4{,}8$ cm
$\beta \approx 47°$
$\gamma \approx 126°$
$\delta \approx 132°$

b) $c \approx 1{,}6$ cm
$e \approx 3{,}9$ cm
$f \approx 5{,}3$ cm
$\gamma \approx 132°$
$\delta \approx 143°$

c) $f \approx 4{,}2$ cm
$\alpha \approx 39°$
$\beta \approx 40°$
$\gamma \approx 259°$
$\delta \approx 22°$

d) $a \approx 9{,}8$ cm
$e \approx 8{,}6$ cm
$f \approx 4{,}6$ cm
$\alpha \approx 13°$
$\delta \approx 237°$

e) $a \approx 1{,}8$ cm
$\beta \approx 5{,}1$ cm
$e \approx 5{,}2$ cm
$f \approx 7{,}5$ cm
$\delta = 50°$

f) $a \approx 5{,}6$ cm
$b \approx 4{,}2$ cm
$d \approx 3{,}5$ cm
$\alpha \approx 61°$
$\beta \approx 89°$

11. Die fehlende Seite ist ungefähr 167 m lang. Der Zaun wird also ungefähr 1467 m lang.

12. Höchstens einen überstumpfen Winkel, denn für $\alpha > 180°$, $\beta > 180°$ wäre $\alpha + \beta > 360°$, also auch $\alpha + \beta + \gamma + \delta > 360°$ (Widerspruch zum Winkelsummensatz).
Höchstens drei stumpfe Winkel, da sonst $\alpha + \beta + \gamma + \delta > 360°$.
Höchstens vier rechte Winkel (also alle Rechtecke), da sonst $\alpha + \beta + \gamma + \delta > 360°$.
Höchstens drei spitze Winkel, da sonst $\alpha + \beta + \gamma + \delta < 360°$.

13. (1) Nach der Dreiecksungleichung gilt (siehe Bild):
$e < a + b$ und $e < c + d$,
$f < a + d$ und $f < b + c$, also
$2e < a + b + c + d = u$, also $e < \frac{u}{2}$
$2f < a + b + c + d = u$, also $f < \frac{u}{2}$
Daraus folgt: $e + f < \frac{u}{2} + \frac{u}{2} = u$

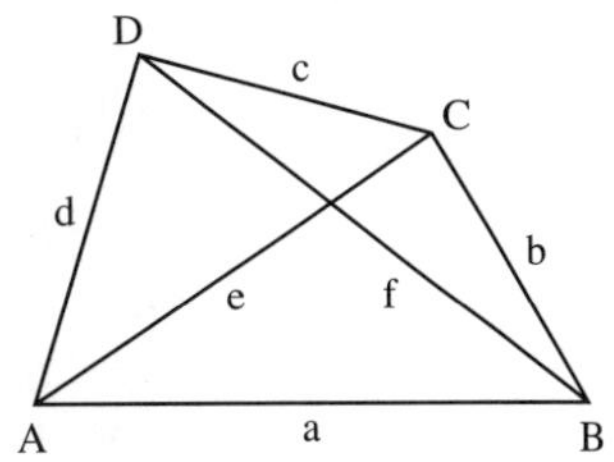

(2) Falsch; z. B. $\alpha = 200°$, $\beta = 90°$, $\gamma = 40°$, $\delta = 30°$

14. Es gibt kein Lösungsviereck, wenn die Dreiecksungleichungen für die Dreiecke ABC bzw. ACD nicht erfüllt sind, diese Dreiecke also nicht konstruierbar sind.
Sonst gibt es zwei Lösungsvierecke, wenn bei der Achsenspiegelung an AC der Bildpunkt von B im Inneren des Dreiecks ACD bzw. der Bildpunkt von D im Inneren des Dreiecks ABC liegt.
Es gibt nur ein Lösungsviereck, wenn die Bildpunkte von B und D nicht im Inneren der entsprechenden Dreiecke liegen.

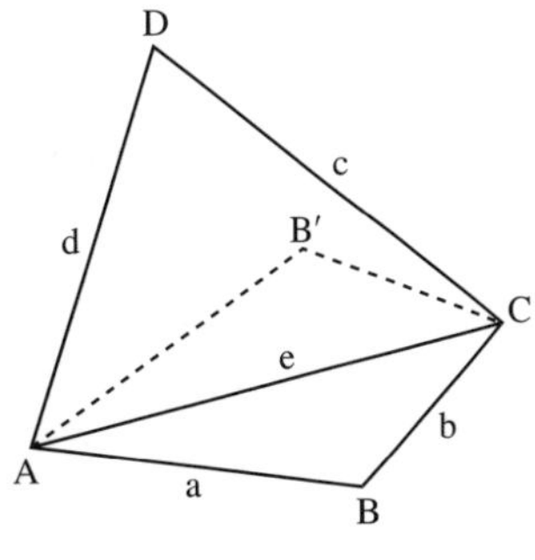

41 **15.** -

16. **a)** Der Umfang ist größer als die Summe der beiden Diagonalenlängen.
b) Siehe Lösung zu Aufgabe 13 (1).

Auf den Punkt gebracht: Präsentieren auf Plakaten und Folien

42 **1.** -

43 **2.** -

3. -

4. -

1.5 Kreis und Geraden

45 **1.** Mittelpunkt (3,5 | 4,5), Radius ≈ 2,9

2. Sekanten: $\overline{AD}$, $\overline{AC}$, $\overline{DB}$ Tangenten: $\overline{DE}$, $\overline{EC}$
Passanten: EF Durchmesser: $\overline{DB}$

3. (1) Zeichne den Kreis um M mit dem Radius r = 3 cm und eine Gerade d durch M.
(2) Konstruiere auf d einen Punkt mit
a) $|PM| = 2$ cm; b) $|PM| = 3$ cm; c) $|PM| = 5$ cm.
(3) Konstruiere die Orthogonale zu d durch P. Diese ist die gesuchte Gerade g.
g ist in a) eine Sekante; in b) eine Tangente; in c) eine Passante.

4. Radius des Kreises einzeichnen, der im Punkt P endet. Gerade g so zeichnen, dass sie senkrecht auf dem Radius steht und durch P geht.

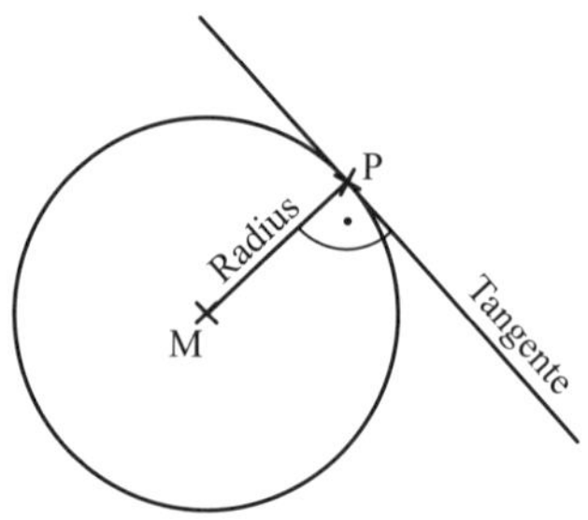

45

5. Konstruiere die Orthogonale zu g durch M. Den Schnittpunkt der Orthogonalen mit g nenne S_1, den Schnittpunkt der Halbgeraden $\overline{MS_1}$ mit dem Kreis nenne S_2. Der Mittelpunkt M_1 der Strecke $\overline{S_1S_2}$ ist der Mittelpunkt des gesuchten Kreises (durch S_1 und S_2).
[Konstruiere die Orthogonale zu g durch M. Den Schnittpunkt der Orthogonalen mit g nenne S_1, den Schnittpunkt der Halbgeraden $\overline{MS_1}$ mit dem Kreis nenne S_2. Der Mittelpunkt M_1 der Strecke $\overline{S_1S_2}$ ist der Mittelpunkt des gesuchten Kreises (durch S_1 und S_2).]

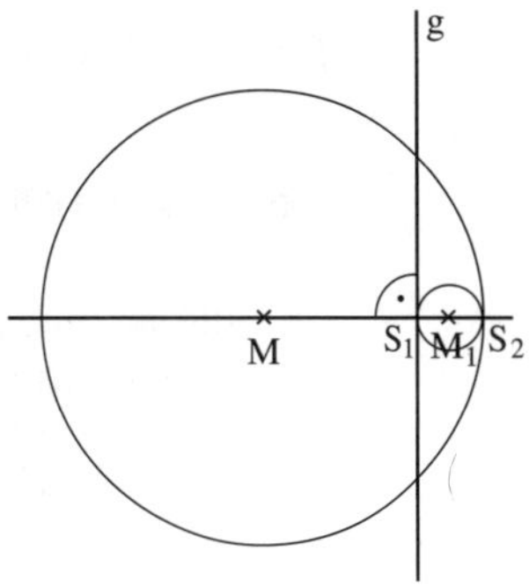

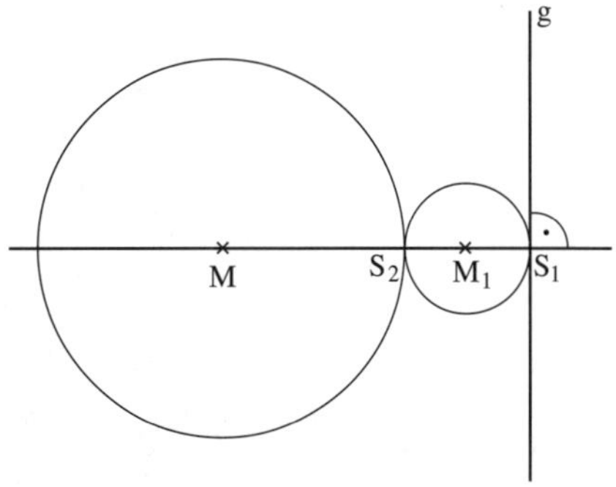

6. Die Mittelpunkte der Strecken **a)** $\overline{MP_1}$, **b)** $\overline{MP_2}$ und **c)** $\overline{MP_3}$ sind die Kreismittelpunkte.

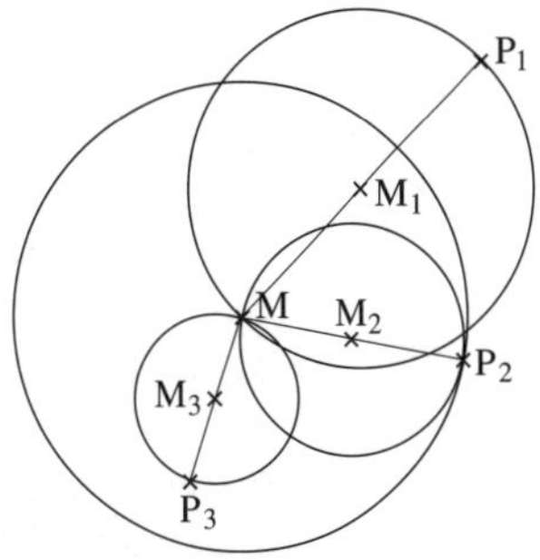

7. Aus der Zeichnung geht hervor, wie die vier inneren und die vier äußeren Kreise zu konstruieren sind. Hier sind g und h die sich unter einem Winkel von 110° kreuzenden Autobahnen; w_α und w_β sind Winkelhalbierende.

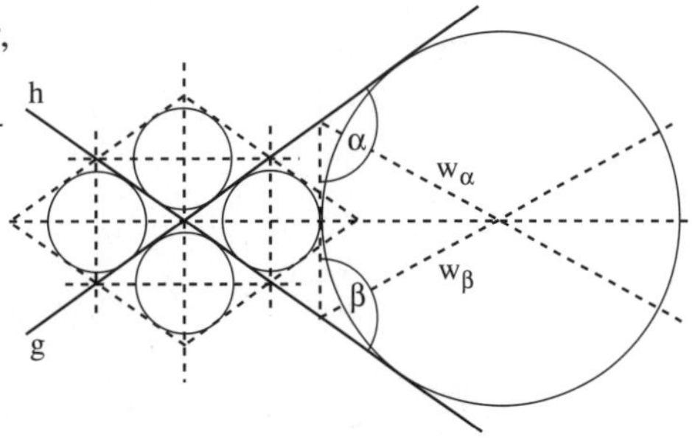

1.6 Besondere Punkte und Linien des Dreiecks

1.6.1 Die Mittelsenkrechten des Dreiecks – Umkreis

48 **3.** Bei stumpfwinkligen Dreiecken liegt der Mittelpunkt des Umkreises außerhalb des Dreiecks, bei rechtwinkligen Dreiecken liegt er auf der dem rechten Winkel gegenüberliegenden Seite (Mittelpunkt der Seite). Sonst liegt er innerhalb der Dreiecke.

49 **4.** **a)** (1) Zeichne einen Kreis mit r = 4,3 cm.
(2) Wähle auf dem Kreis einen Punkt A.
Zeichne um A einen Kreis mit dem Radius c = 5,7 cm und einen Kreis mit dem Radius b = 3,8 cm. Die Schnittpunkte mit dem Kreis aus (1) sind die Eckpunkte B bzw. C des Dreiecks ABC mit:
$a \approx 8{,}0$ cm, $\alpha \approx 112°$, $\beta \approx 26°$, $\gamma \approx 42°$

b) (1) Zeichne einen Kreis mit dem Radius r = 3,1 cm.
(2) Wähle auf dem Kreis einen Punkt B und zeichne um B einen Kreis mit dem Radius a = 4,7 cm. Der Schnittpunkt mit dem Kreis aus (1) ist der Eckpunkt C.
(3) Trage an $\overline{BC}$ in B den Winkel $\beta = 49°$ an. Der Schnittpunkt des anderen Schenkels mit dem Kreis aus (1) ist der Eckpunkt A des Dreiecks ABC mit:
$b \approx 4{,}7$ cm, $c \approx 6{,}1$ cm, $\alpha \approx 49°$, $\gamma \approx 82°$

5. Konstruiere die Mittelsenkrechte zur Torlinie und trage auf ihr vom Tor aus 7 m ab (Kreisbogen und den Schnittpunkt der Torlinie mit der Mittelsenkrechten; Maßstab z. B. 1 cm für 1 m).

6. Man erhält die Mittelsenkrechte zu $\overline{AB}$.

7. Die Mittelsenkrechten schneiden sich in einem Punkt (dem Mittelpunkt des Umkreises).

8. Konstruiere die Mittelsenkrechte zu $\overline{PQ}$. Der Schnittpunkt mit AB ist der gesuchte Punkt S.

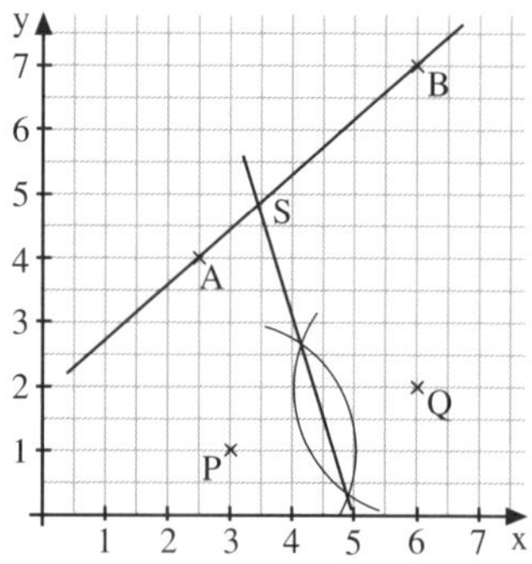

49 **9.** **a)** Alle Punkte „rechts“ der Mittelsenkrechten m von $\overline{PQ}$ sind von P weiter entfernt als von Q.

b) Alle Punkte „links“ der Mittelsenkrechten m von $\overline{PQ}$ und auf m liegen von P höchstens so weit entfernt wie von Q.

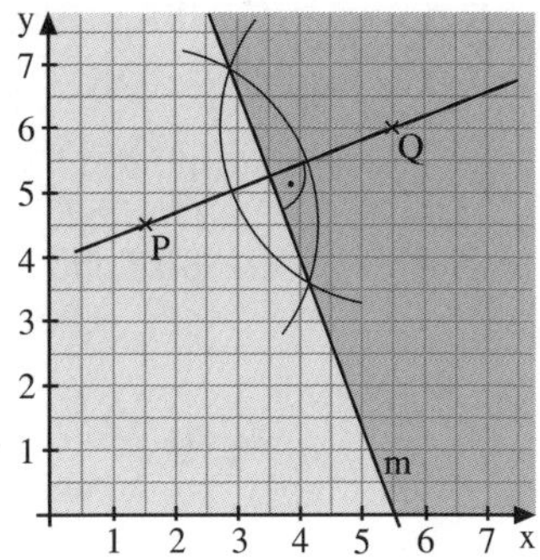

50 **10.** Die Anschlussstelle liegt an den Schnittpunkten der Straße mit der Mittelsenkrechten zu der Verbindungsstrecke beiden Ortschaften.

11. **a)** b ≈ 4,5 cm, α ≈ 75°, γ ≈ 56°, r ≈ 3,0 cm
b) b ≈ 6,2 cm, α ≈ 39°, β ≈ 64°, r ≈ 3,4 cm
c) α ≈ 30°, β ≈ 38°, γ ≈ 112°, r ≈ 4,1 cm

12. Die Entfernung beträgt 5,0 km.

13. **a)** b ≈ 5,8 cm, α ≈ 49°, β ≈ 75°, γ ≈ 56°
b) c ≈ 5,3 cm, α ≈ 23°, β ≈ 13°, γ ≈ 144°
c) a ≈ 4,0 cm, b ≈ 5,1 cm, β ≈ 69°, γ ≈ 63°
d) a ≈ 4,9 cm, c ≈ 4,1 cm, α ≈ 77°, β ≈ 48°

14. Für ein stumpfwinkliges Dreieck ist der Umkreis nicht der kleinste Kreis, der das Dreieck enthält. Für alle anderen Dreiecke ist der Umkreis der kleinste Kreis, der das Dreieck enthält.

15. Stich 4,5 m; Radius 21,5 m

16. Radius der Holzscheibe: 7,45 cm

17. **a)** Z. B. ein Quadrat.
b) Z. B. eine Raute, die kein Quadrat ist.

1.6.2 Die Winkelhalbierenden des Dreiecks – Inkreis

53 **3.** Der Mittelpunkt des Inkreises liegt immer innerhalb des Dreiecks.

54 **4.** Man erhält die Winkelhalbierende des Winkels.

5. Die Winkelhalbierenden schneiden sich in einem Punkt.

6. Der Abstand von P zu den beiden Schenkeln ist gleich groß.

54

7. $|PA| = |PB|$ (nach Voraussetzung)

$\sphericalangle PAS = \sphericalangle SBP = 90°$ (nach Voraussetzung)

$|SP| = |SP|$ (gleiche Strecke)

Da die längste Seite dem rechten Winkel gegenüberliegt, sind die Dreiecke SBP und SPA nach dem Kongruenzsatz Ssw zueinander kongruent. Also gilt: $\sphericalangle BSP = \sphericalangle PSA$. W_α ist also die Winkelhalbierende von α.

8. a) Man erhält die Punkte S_1, S_2, S_3 und S_4 als Schnittpunkte der Winkelhalbierenden der Geradenkreuzung mit den Kreisen um den Schnittpunkt von AB und CD mit dem Radius 2,5 cm.

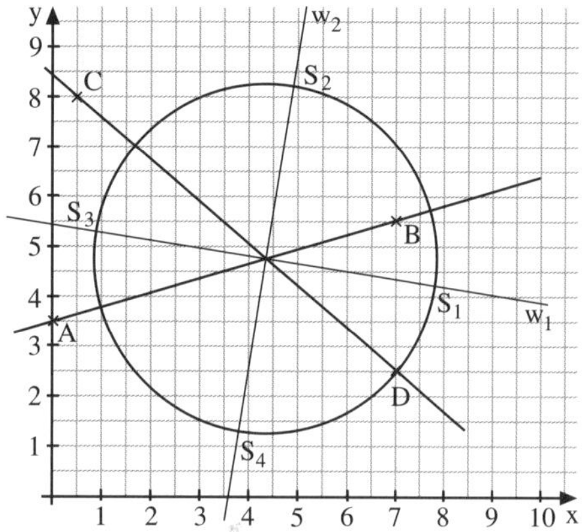

b) Man erhält die Punkte S_1, S_2, S_3 und S_4 als Schnittpunkte der Winkelhalbierenden der Geradenkreuzung mit dem Kreis um P mit dem Radius 4,2 cm.

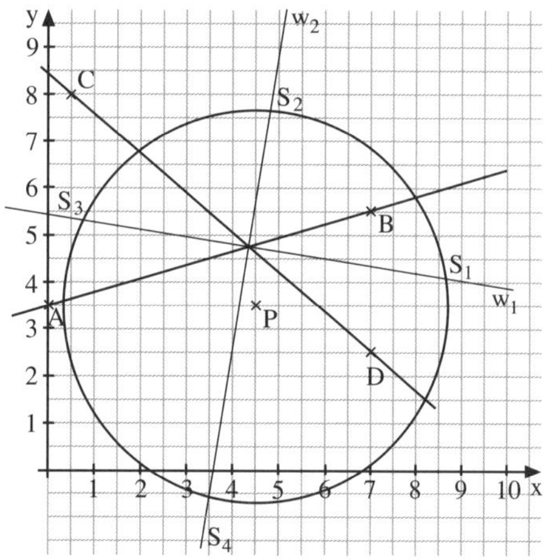

c) Man erhält die Punkte S_1 und S_2 als Schnittpunkte der Winkelhalbierenden der Geradenkreuzung mit der Mittelsenkrechten zu $\overline{PQ}$.

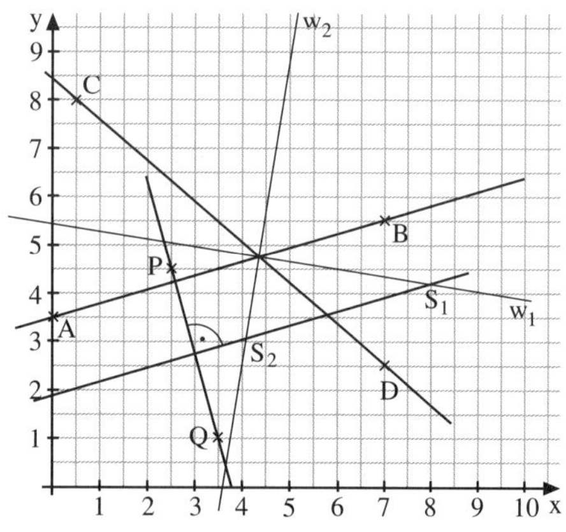

54 **9.** Der Mittelpunkt liegt auf der Winkelhalbierenden des Winkels, den die Weggabelung bildet.

10. **a)** $c \approx 8{,}5$ cm, $\alpha \approx 36°$, $\beta \approx 29°$, $\rho \approx 1{,}2$ cm
b) $\alpha \approx 86°$, $\beta \approx 59°$, $\gamma \approx 35°$, $\rho \approx 1{,}4$ cm
c) $a \approx 4{,}2$ cm, $b \approx 5{,}7$ cm, $\gamma \approx 80°$, $\rho \approx 1{,}5$ cm
d) $c \approx 8{,}3$ cm, $\beta \approx 28°$, $\gamma \approx 102°$, $\rho \approx 1{,}4$ cm

11. **a)** W (6,6 | 3,8), $\rho \approx 0{,}8$ cm
b) W (6,4 | 7,4), $\rho \approx 1{,}7$ cm
c) W (4,4 | 8,1), $\rho \approx 2{,}3$ cm
d) W (–0,8 | 1,6), $\rho \approx 2{,}0$ cm

55 **12.** Dies ist der Mittelpunkt des Inkreis.

13. Durchmesser des Inkreises des Dreiecks ABC: $d \approx 9{,}1$ cm
($\alpha \approx 54°$, $\beta \approx 41°$, $\gamma \approx 85°$)

14. *Konstruktionsbeschreibung:*
(1) Zeichne die Winkel und einen Punkt A auf einen Schenkel.
(2) Konstruiere die Winkelhalbierende des Winkels.
(3) Konstruiere die Orthogonale zu dem Schenkel, auf dem A liegt, durch A. Den Schnittpunkt der Orthogonalen mit der Winkelhalbierenden nenne M.
(4) Zeichne den Kreis um M mit Radius $\overline{AM}$.
Der Kreis berührt den Schenkel im Punkt A, aber auch den anderen Schenkel, da M von beiden Schenkeln gleichen Abstand hat.

15. *1. Fall:* $a \parallel b \parallel c$
Es gibt keine Kreise, die alle 3 Geraden berühren.
2. Fall: $a \parallel b$, $a \nparallel c$ (also auch $b \nparallel c$)
Die Gerade c schneidet die Geraden a und b in den Punkten S_a bzw. S_b.
Die Mittelpunkte der Kreise sind die Schnittpunkte der Winkelhalbierenden zwischen a und c bei S_a bzw. b und c bei S_b.

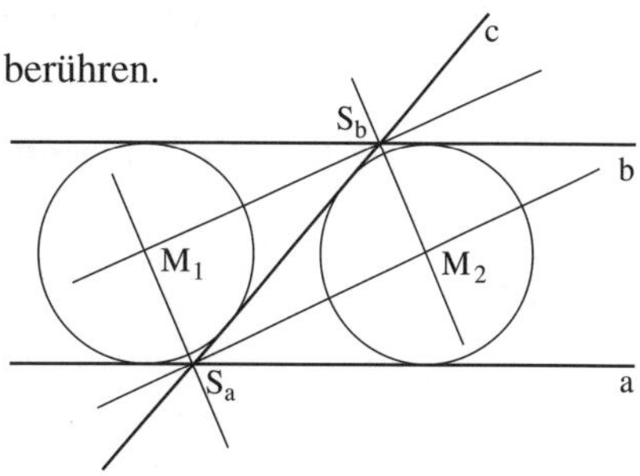

3. Fall: Alle Geraden sind nicht parallel zueinander und schneiden sich in drei Punkten A, B und C. Man erhält dann ein Dreieck ABC mit den Kreisen wie in Aufgabe 14.

55

16. *Konstruktionsbeschreibung:*

(1) Zeichne das Dreieck ABC und den Kreis um M mit dem Radius r = 1,5 cm.

(2) Zeichne die Orthogonale zu $\overline{AB}$ [bzw. $\overline{BC}$ bzw. $\overline{CA}$] durch M; den Schnittpunkt der Orthogonalen mit $\overline{AB}$ [bzw. $\overline{BC}$ bzw. $\overline{CA}$] nenne D [bzw. E bzw. F].

(3) Den Schnittpunkt von $\overline{MD}$ [bzw. $\overline{ME}$ bzw. $\overline{MF}$] mit dem Kreis nenne D' [bzw. E' bzw. F'].

(4) Konstruiere eine Parallele zu $\overline{AB}$ [bzw. $\overline{BC}$ bzw. $\overline{CA}$] durch D' [bzw. E' bzw. F']. Den Schnittpunkt der Parallelen von $\overline{AB}$ mit der Parallelen von $\overline{CA}$ nenne A', den Schnittpunkt der Parallelen von $\overline{AB}$ mit der Parallelen von $\overline{BC}$ nenne B' und den Schnittpunkt der Parallelen von $\overline{BC}$ mit der Parallelen von $\overline{AC}$ nenne C'.

A'B'C' ist das gesuchte Dreieck.

17. **a)** $\alpha = 69°$, $a \approx 5{,}3$ cm, $b \approx 5{,}4$ cm, $c \approx 3{,}2$ cm
b) $\beta = 44°$, $a \approx 8{,}0$ cm, $b \approx 11{,}8$ cm, $c \approx 16{,}2$ cm

18. Bei gleichseitigen Dreiecken fallen die Mittelpunkte von In- und Umkreis zusammen.

19. Ungefähr 9,8 m.

20. Die Mittelsenkrechte geht durch den Kreismittelpunkt. Man benötigt also nur zwei verschiedene Stellungen des Zentrierwinkels.

1.6.3 Die Höhengeraden des Dreiecks

57

2. Die Höhen schneiden sich in einem Punkt.

3. **a)** $a \approx 9{,}2$ cm, $b \approx 7{,}1$ cm, $c \approx 6{,}1$ cm
$\alpha \approx 89°$, $\beta \approx 50°$, $\gamma \approx 41°$, H (2,1 | 1,2)
b) $a \approx 8{,}2$ cm, $b \approx 4{,}2$ cm, $c \approx 7{,}1$ cm
$\alpha \approx 90°$, $\beta \approx 31°$, $\gamma \approx 59°$, H (0 | 5)
c) $a \approx 10{,}0$ cm, $b \approx 4{,}5$ cm, $c \approx 6{,}1$ cm
$\alpha \approx 144°$, $\beta \approx 15°$, $\gamma \approx 21°$, H (2,6 | –11,7)
d) $a \approx 10{,}6$ cm, $b \approx 7{,}3$ cm, $c \approx 5{,}1$ cm
$\alpha \approx 117°$, $\beta \approx 25°$, $\gamma \approx 38°$, H (–6,1 | –4,6)

4. $\alpha = 80°$, $b \approx 3{,}0$ cm, $c \approx 3{,}9$ cm, $h_a \approx 2{,}6$ cm, $h_b \approx 3{,}9$ cm, $h_c \approx 3{,}0$ cm

5. **a)** $\alpha \approx 41°$, $\beta \approx 56°$, $\gamma \approx 83°$, $h_a \approx 5{,}0$ cm, $h_b \approx 4{,}0$ cm, $h_c \approx 3{,}3$ cm
b) $c \approx 10{,}3$ cm; $\alpha \approx 43°$; $\beta \approx 32°$; $\gamma \approx 105°$; $h_a \approx 5{,}4$ cm, $h_b \approx 7{,}1$ cm, $h_c \approx 3{,}8$ cm

57 **5. c)** $b \approx 9{,}0$ cm; $\beta \approx 91°$; $\gamma \approx 41°$; $h_a \approx 5{,}9$ cm, $h_b \approx 4{,}4$ cm, $h_c \approx 6{,}7$ cm

d) $a \approx 3{,}5$ cm; $c \approx 2{,}1$ cm; $\beta = 90°$; $h_a = c$, $h_b \approx 1{,}8$ cm, $h_c = a$

6. (1) Zeichne die 3 Punkte A, B und H in ein Koordinatensystem;

(2) Zeichne die Strecke $\overline{AB}$.

(3) Zeichne die Halbgerade $\overline{AH}$ und $\overline{BH}$.

(4) Konstruiere die Orthogonale zu AH durch B.

(5) Konstruiere die Orthogonale zu BH durch A.

(6) Nenne die Schnittpunkte der beiden Orthogonalen aus (4) und (5) C; ungefähre Koordinaten C(4 | 15).

ABC ist das gesuchte Dreieck.

7. a) Sei $\overline{AB}$ Basis des gleichschenkligen Dreiecks ABC.

Voraussetzung: $a = b$; $h_a \perp a$, $h_b \perp b$.

Behauptung: $h_a = h_b$

Beweis: Zunächst zeigen wir Dreieck CAD ist kongruent zu Dreieck BCE:

(1) $|AC| = |BC| = a$ (nach Voraussetzung)

(2) $\gamma = \gamma$ (gleicher Winkel)

(3) $\sphericalangle BEC = \sphericalangle CDA = 90°$ (nach Voraussetzung)

Nach dem Kongruenzsatz wsw sind die Dreiecke CAD und BCE kongruent zueinander.

Also folgt: $|AD| = |BE| = h_a = h_b$.

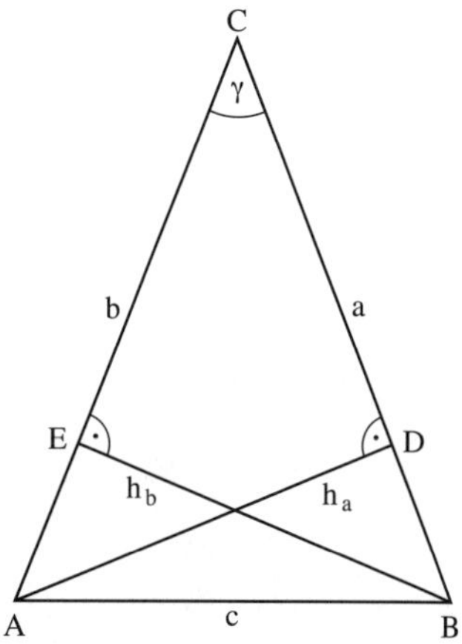

b) *Voraussetzung:* $h_a = h_b$.

Behauptung: $a = b$

Beweis: Wir zeigen zunächst Dreieck CAD ist kongruent zu Dreieck BCE:

(1) $\gamma = \gamma$ (gleicher Winkel)

(2) $h_a = h_b$ (nach Voraussetzung)

(3) $\sphericalangle BEC = \sphericalangle CDA = 90°$ (nach Voraussetzung)

Nach dem Kongruenzsatz wsw sind die Dreiecke CAD und BCE kongruent zueinander.

Also folgt: $|AC| = |BC| = a = b$.

8. a) Die Höhengerade durch die Spitze des gleichschenkligen Dreiecks ist Symmetrieachse. Sie fällt mit der Mittelsenkrechten zur Basis und der Winkelhalbierenden des Winkels an der Spitze zusammen.

b) Im gleichseitigen Dreieck fallen die Höhengeraden mit den Winkelhalbierenden der Innenwinkel und den Mittelsenkrechten der Dreiecksseiten zusammen.

1.6.4 Die Seitenhalbierenden des Dreiecks – Schwerpunkt

59 **2.** Die Linien schneiden sich in einem Punkt.

3. **a)** Die Seitenhalbierenden schneiden sich in einem Punkt.
b) Die eine Teilstrecke ist doppelt so lang wie die andere.

4. $\alpha \approx 38°$, $\beta \approx 57°$, $\gamma \approx 85°$, $s_a \approx 5{,}7$ cm, $s_b \approx 4{,}6$ cm, $s_c \approx 3{,}5$ cm

5. **a)** $a \approx 9{,}2$ cm, $b \approx 7{,}1$ cm, $c \approx 6{,}1$ cm, $\alpha \approx 89°$, $\beta \approx 50°$, $\gamma \approx 41°$, S (2,7 | 3,7)
b) $a \approx 8{,}3$ cm, $b \approx 4{,}2$ cm, $c \approx 7{,}1$ cm, $\alpha = 98°$, $\beta \approx 31°$, $\gamma \approx 59°$, S (2,7 | 5,3)
c) $a \approx 3{,}2$ cm, $b \approx 5{,}7$ cm, $c \approx 3{,}2$ cm, $\alpha \approx 26{,}5°$, $\beta \approx 127°$, $\gamma \approx 26{,}5°$, S (3,3 | 2,6)
d) $a = 4{,}0$ cm, $b \approx 4{,}5$ cm, $c \approx 4{,}5$ cm, $\alpha \approx 53°$, $\beta \approx 63{,}5°$, $\gamma \approx 63{,}5°$, S (–2,0 | –0,7)

6. Die Schwerpunkte sind identisch, da alle vier kleinen Dreiecke zueinander kongruent sind.

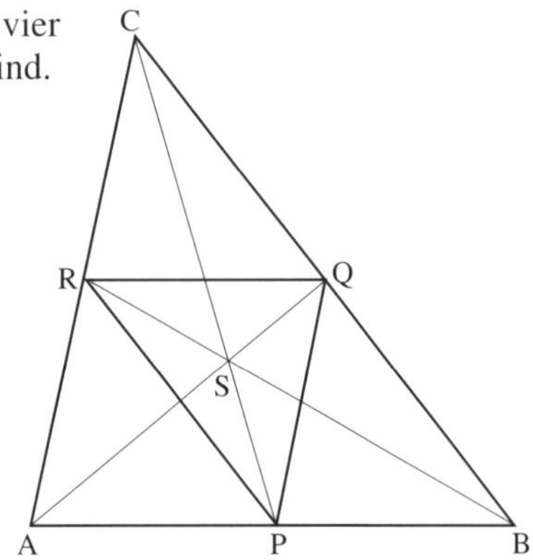

7. Im gleichschenkligen Dreieck liegt der Schnittpunkt der Seitenhalbierenden auf der Höhe zur Basis.
Im gleichseitigen Dreieck ist der Schwerpunkt identisch mit dem Mittelpunkt des In- und Umkreises.

1.6.5 Konstruktion von Dreiecken aus Teildreiecken

62 **2.** **a)** $c \approx 7{,}2$ cm, $\alpha \approx 34°$, $\beta \approx 93°$, $\gamma \approx 53°$ bzw.
$c \approx 12{,}7$ cm, $\alpha \approx 18°$, $\beta \approx 35°$, $\gamma \approx 127°$
b) $c \approx 6{,}7$ cm, $\alpha \approx 37°$, $\beta \approx 48°$, $\gamma \approx 95°$ bzw.
$c \approx 1{,}4$ cm, $\alpha \approx 37°$, $\beta \approx 131°$, $\gamma \approx 12°$
c) $b \approx 4{,}6$ cm, $c \approx 4{,}6$ cm, $\alpha \approx 72°$, $\beta \approx 54°$
d) $a \approx 2{,}4$ cm, $c \approx 8{,}9$ cm, $\alpha \approx 16°$, $\beta \approx 64°$
e) $\beta = 58°$, $a \approx 3{,}7$ cm, $b \approx 3{,}8$ cm, $c \approx 4{,}2$ cm
f) $a \approx 5{,}4$ cm, $c \approx 4{,}1$ cm, $\alpha \approx 57°$, $\gamma \approx 41°$

62

3. **a)** $b \approx 4{,}5$ cm, $c \approx 9{,}5$ cm, $\alpha \approx 32°$, $\beta \approx 23°$
b) $a \approx 7{,}9$ cm, $c \approx 7{,}8$ cm, $\beta \approx 23°$, $\gamma \approx 77°$
c) $b \approx 9{,}8$ cm, $c \approx 9{,}7$ cm, $\alpha \approx 27°$, $\gamma \approx 77°$
d) $a \approx 20{,}1$ cm, $c \approx 16{,}5$ cm, $\alpha \approx 114°$, $\beta \approx 17°$ bzw.
$a \approx 5{,}1$ cm, $c \approx 5{,}0$ cm, $\alpha \approx 50°$, $\beta \approx 81°$
e) $a \approx 3{,}9$ cm, $b \approx 6{,}5$ cm, $c \approx 6{,}5$ cm, $\gamma = 70°$
f) $a \approx 7{,}1$ cm, $b \approx 10{,}7$ cm, $c \approx 5{,}2$ cm, $\alpha = 35°$

4. **a)** $b = 4{,}4$ cm, $\alpha \approx 59°$, $\beta \approx 38°$, $\gamma \approx 83°$
b) $c = 4{,}8$ cm, $\alpha \approx 72°$, $\beta \approx 36°$, $\gamma \approx 72°$
c) $a = 7{,}5$ cm, $b \approx 1{,}1$ cm, $\beta \approx 8°$, $\gamma \approx 58°$
d) $a \approx 3{,}6$ cm, $b \approx 6{,}5$ cm, $\beta \approx 76°$, $\gamma \approx 71°$ bzw.
$a \approx 10{,}0$ cm, $b \approx 14{,}7$ cm, $\beta \approx 127°$, $\gamma \approx 20°$

5. **a)** $b \approx 6{,}0$ cm, $c \approx 4{,}9$ cm, $\alpha = \beta \approx 65{,}5°$, $\gamma \approx 49°$
b) $a = b \approx 3{,}9$ cm, $\alpha = \beta \approx 52{,}5°$, $\gamma \approx 75°$
c) $a = b \approx 4{,}3$ cm, $c \approx 6{,}5$ cm, $\beta = 40°$, $\gamma = 100°$
d) $a = b \approx 5{,}9$ cm, $\alpha = \beta \approx 45°$, $\gamma \approx 90°$
e) $a = b \approx 8{,}2$ cm, $c \approx 11{,}2$ cm, $\alpha = 47°$, $\gamma = 86°$
f) $a = b \approx 4{,}7$ cm, $c \approx 6{,}5$ cm, $\alpha = \beta = 46°$, $\gamma = 88°$
g) $a = b \approx 4{,}8$ cm, $c \approx 4{,}2$ cm, $\alpha = \beta = 64°$
h) $b = 4{,}1$ cm, $c \approx 5{,}1$ cm, $\alpha = \beta \approx 51{,}5°$; $\gamma \approx 77°$
i) $b = 5{,}4$ cm, $c \approx 4{,}6$ cm, $\alpha = \beta \approx 65°$, $\gamma \approx 50°$
j) $a = b \approx 6{,}3$ cm; $\alpha = \beta \approx 71{,}5°$; $\gamma \approx 37°$

6. $a = b = c \approx 4{,}85$ cm, $\alpha = \beta = \gamma = 60°$

7. $\gamma = 90°$, $a \approx 5{,}68$ m, $b \approx 2{,}65$ m, $c \approx 6{,}27$ m

8. $\beta \approx 46°$, $\gamma \approx 104°$, $a \approx 4{,}43$ m, $b \approx 6{,}40$ m
Die Dachsparren müssen mindestens 4,73 m bzw. 6,70 m lang sein.

9. Siehe auch Blickpunkt auf der folgenden Seite des Schülerbandes.

Im Blickpunkt:
Eine Eigenschaft der besonderen Linien im Dreieck

63

1. -

2. Die Punkte M, S und H liegen immer auf einer Geraden.

3.

Rechtwinkliges Dreieck:	H ist der Eckpunkt des Dreiecks, an dem der rechte Winkel liegt, und M liegt auf der dem rechten Winkel gegenüberliegenden Seite.
Gleichschenkliges Dreieck:	H, S, M liegen auf der Symmetrieachse des Dreiecks.
Gleichseitiges Dreieck:	H, W, S, M fallen zusammen.

63

4. Die Strecke $\overline{SH}$ ist doppelt so lang wie die Strecke $\overline{SM}$.

5. Beim gleichschenkligen Dreieck ist die Symmetrieachse auch Mittelsenkrechte zur Basis, Höhe zur Basis und Winkelhalbierende des Winkels an der Spitze. Die drei Punkte M, H und S liegen also auf der Symmetrieachse. Beim rechtwinkligen Dreieck ist H ein Eckpunkt und M der Mittelpunkt der gegenüberliegenden Seite. HM ist also auch Seitenhalbierende und S liegt auf HM, also liegen alle drei Punkte auf dieser Geraden. Der Schwerpunkt M teilt die Strecke $\overline{HM}$ so, dass $\overline{SH}$ doppelt so lang ist wie $\overline{SM}$ (siehe Satz auf Seite 58 des Schülerbandes).

1.7 Satz des Thales

65

2. a) $\alpha = 53°$
$\beta = 37°$
$\gamma = 90°$
$c = 5{,}4$ cm
$b \approx 3{,}3$ cm
$a \approx 4{,}3$ cm

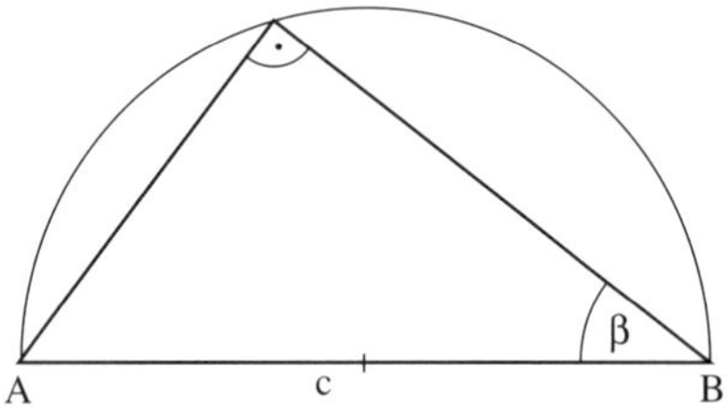

b) Es gibt zwei Dreiecke:

$\alpha = 27°$	oder	$\alpha \approx 63°$
$\beta = 63°$		$\beta \approx 27°$
$\gamma = 90°$		$\gamma = 90°$
$a \approx 2{,}1$ cm		$a \approx 4{,}2$ cm
$b \approx 4{,}2$ cm		$\beta \approx 2{,}1$ cm
$c = 4{,}7$ cm		$c = 4{,}7$ cm

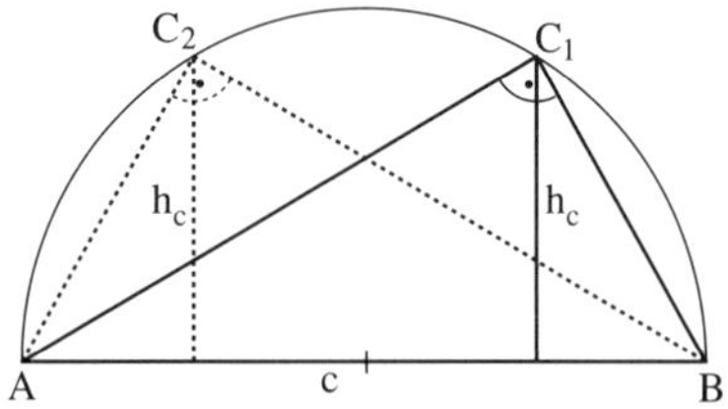

66

3. Konstruiere den Thaleskreis über $\overline{MP}$. Die Schnittpunkte S_1 bzw. S_2 sind die Berührpunkte der Tangenten an den Kreis. (MPS_1 bzw. MPS_2 sind rechtwinklige Dreiecke.)

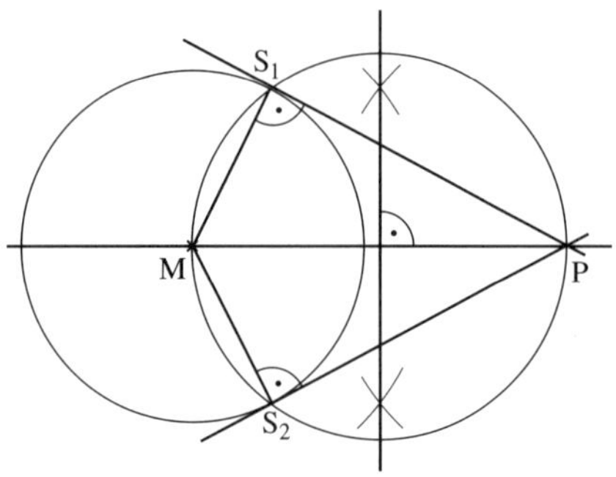

66

4. $|MA| = |MC| = r$, das Dreieck MCA ist also gleichschenklig.
Dann gilt: $\alpha_1 = \gamma_1$ und $\varepsilon_1 = 180° - 2\alpha_1$.
Ebenso ist das Dreieck MBC gleichschenklig, also gilt auch: $\beta_1 = \gamma_2$ und $\varepsilon_2 = 180° - 2\beta_1$. Wegen $\varepsilon_1 + \varepsilon_2 = 180°$ folgt: $180° - 2\alpha_1 + 180° - 2\beta_1 = 180°$,
also $2(\alpha_1 + \alpha_2) = 180°$.
Wegen $\alpha_1 + \alpha_2 = 180° - \gamma$ folgt:
$2(180° - \gamma) = 180°$, also $2\gamma = 180°$ und damit $\gamma = 90°$.

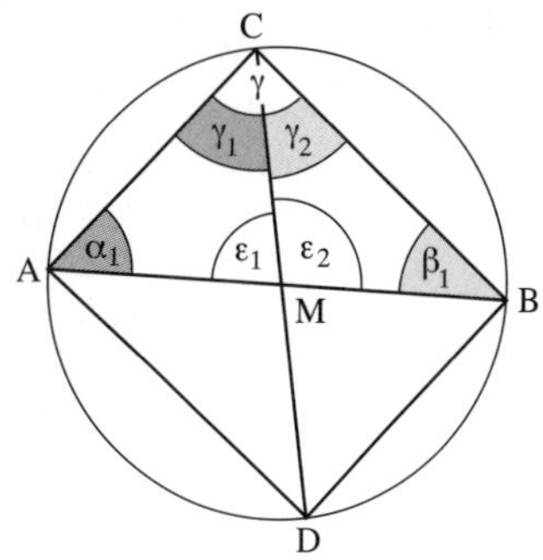

Das Viereck ABCD ist punktsymmetrisch zu M. ABCD ist ein Rechteck.

5. Der Punkt C liegt auf einem Kreis mit $\overline{AB}$ als Durchmesser. Der Mittelpunkt von $\overline{AB}$ ist auch Mittelpunkt des Kreises.

6. **a)** $\alpha = 58°$ $a \approx 4{,}5$ cm
$\beta = 32°$ $b \approx 2{,}8$ cm
$\gamma = 90°$ $c = 5{,}3$ cm

b) $\alpha = 53°$ $a \approx 5{,}0$ cm
$\beta = 90°$ $b = 6{,}3$ cm
$\gamma = 37°$ $c \approx 3{,}8$ cm

7. **a)** Es gibt zwei Dreiecke:

$\alpha \approx 24°$	oder	$\alpha \approx 66°$
$\beta \approx 66°$		$\beta \approx 24°$
$\gamma = 90°$		$\gamma = 90°$
$a \approx 3{,}3$ cm		$a \approx 7{,}3$ cm
$b \approx 7{,}3$ cm		$b \approx 3{,}3$ cm
$c = 8{,}0$ cm		$c = 8{,}0$ cm

b) Es gibt zwei Dreiecke:

$\alpha \approx 23°$	oder	$\alpha \approx 67°$
$\beta = 90°$		$\beta = 90°$
$\gamma \approx 67°$		$\gamma \approx 23°$
$a \approx 2{,}5$ cm		$a \approx 5{,}9$ cm
$b = 6{,}3$ cm		$b = 6{,}3$ cm
$c \approx 5{,}9$ cm		$c \approx 2{,}5$ cm

8. Es gibt zwei Dreiecke:

$\alpha = 90°$	$a = 6{,}7$ cm	oder	$\alpha = 90°$	$a = 6{,}7$ cm
$\beta \approx 16°$	$b \approx 1{,}9$ cm		$\beta \approx 74°$	$b \approx 6{,}4$ cm
$\gamma \approx 74°$	$c \approx 6{,}4$ cm		$\gamma \approx 16°$	$c \approx 1{,}9$ cm

9. Wähle einen Punkt A auf g und konstruiere den Thaleskreis über $\overline{AP}$. Der Thaleskreis schneidet g in A und in einem zweiten Punkt B. BP ist die gesuchte Orthogonale zu g durch P, da APB ein rechtwinkliges Dreieck mit dem rechten Winkel bei B ist.

66

10. (1) Zeichne eine Strecke $\overline{AB}$ mit $|AB| = 2 \cdot r = 6{,}8$ cm und konstruiere den Thaleskreis zu $\overline{AB}$.

(2) Zeichne um A einen Kreis mit dem Radius r = 2,1 cm; einen Schnittpunkt mit dem Thaleskreis nenne D.

(3) Zeichne um B einen Kreis mit dem Radius r = 2,1 cm; den Schnittpunkt mit dem Thaleskreis, der auf der anderen Seite von AB als der Punkt D liegt, nenne B.

Die Punkte A, B, C, D sind Eckpunkte des gesuchten Rechtecks.

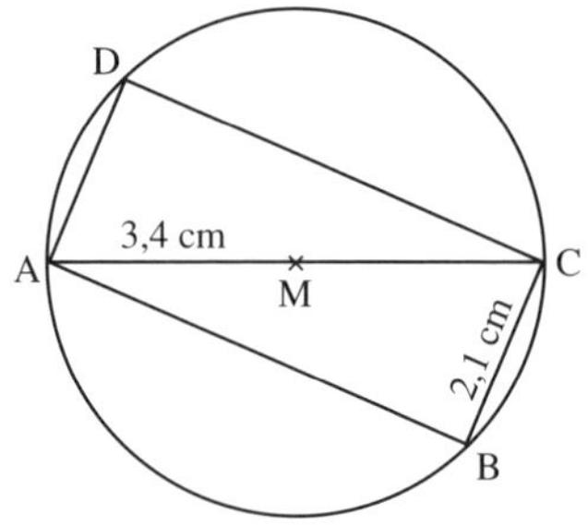

11. Konstruiere den Thaleskreis zu $\overline{AB}$ mit dem Mittelpunkt M. Ein Schnittpunkt mit der Geraden g ist der gesuchte Schnittpunkt C.
Falls der Radius des Thaleskreises größer als der Abstand von M zu g ist, gibt es zwei Schnittpunkte.
Ist der Radius gleich dem Abstand zu g, so gibt es nur einen Schnittpunkt.
Ist der Radius kleiner als der Abstand zu g, so gibt es keinen Schnittpunkt.

12. Die Kreise schneiden sich in einem Punkt D.
Aufgrund des Thalessatzes sind ABD und BCD rechtwinklige Dreiecke mit dem rechten Winkel bei D, also
$\delta_1 = \delta_2 = 180°$.
Wegen $\delta_1 + \delta_2 = 180°$ liegt D auf der Geraden AC.

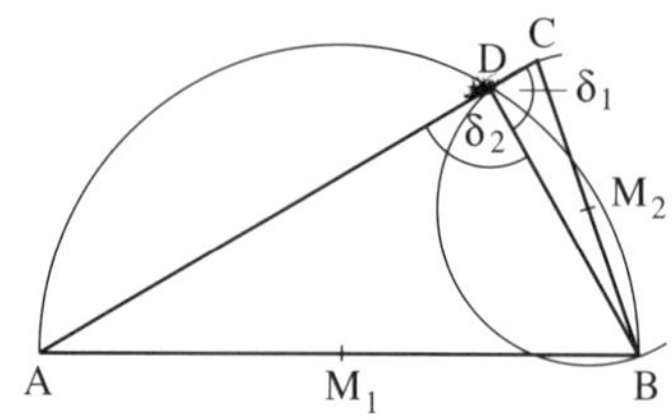

67

13. Die Dreiecke AMC und BMC sind gleichschenklig mit der Spitze M.
Die Winkelhalbierenden sind also auch die Mittelsenkrechten der Seiten $\overline{AC}$ und $\overline{BC}$.
Das Viereck MECF hat also 3 rechte Winkel bei E, C und F. Damit ist nach dem Winkelsummensatz auch der Winkel bei M ein rechter Winkel.

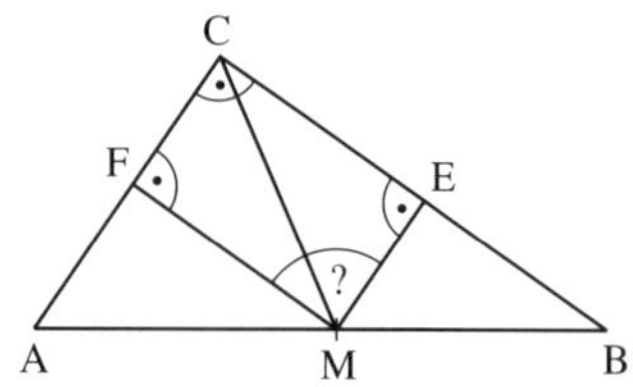

14. Das Dreieck ABC ist rechtwinklig mit $\gamma = 90°$, $\alpha = 30°$ und $\beta = 60°$ (nach dem Winkelsummensatz). Spiegelt man das Dreieck ABC an AC, so erhält man das Dreieck ABD. Die Winkel des Dreiecks sind 60° groß, ABD ist also ein gleichseitiges Dreieck mit $|AB| = |BD| = |DA|$. Da C die Seite $\overline{BD}$ halbiert, gilt $|BC| = \frac{1}{2} \cdot |AB|$.

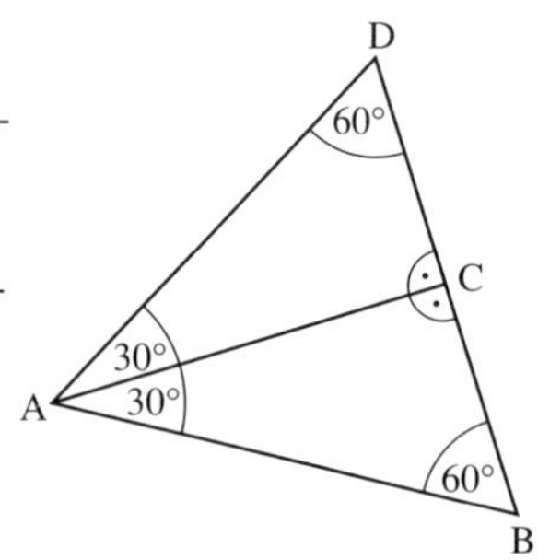

67

15. (1) Konstruiere den Thaleskreis über $\overline{PQ}$.
(2) Zeichne um Q einen Kreis mit dem Radius r = 2,5 cm.
(3) Verbinde P mit den Schnittpunkten S_1 bzw. S_2 der beiden Kreise.
(PQS_1 bzw. PQS_2 sind rechtwinklige Dreiecke; rechter Winkel bei S_1 bzw. bei S_2.)

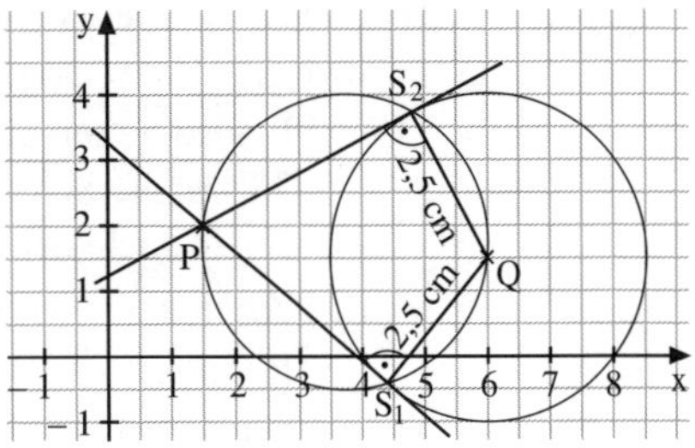

16. (1) Konstruiere den Thaleskreis über $\overline{AB}$.
(2) Zeichne um B einen Kreis mit dem Radius r = 1,8 cm.
(3) Verbinde A mit den Schnittpunkten S_1 bzw. S_2 der beiden Kreise.
(ABS_1 bzw. ABS_2 sind rechtwinklige Dreiecke; rechter Winkel bei S_1 bzw. bei S_2.)

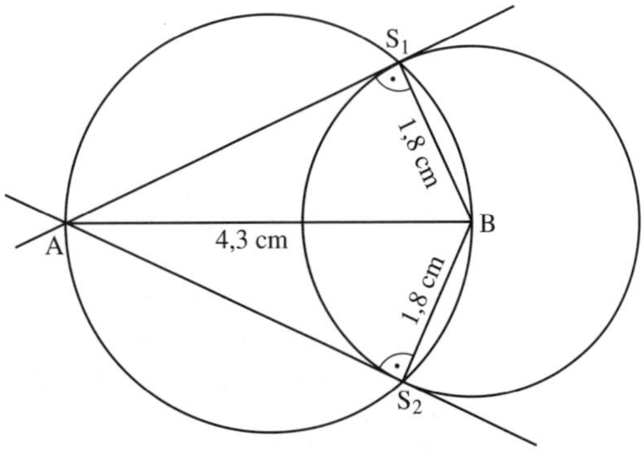

17. (1) Konstruktion einer Orthogonalen;
(2) Mithilfe des Thaleskreises ein rechtwinkliges Dreieck konstruieren.

18. (1) Zeichne eine Strecke $\overline{BC}$.
(2)Konstruiere den Thaleskreis über $\overline{BC}$.
(3) Konstruiere auf dem Thaleskreis den Punkt M_b mit $|CM_b| = |CM_a|$.
(4) Konstruiere auf $\overline{CM_b}$ den Punkt A mit $|CA| = |CB|$.
ABC ist das gesuchte Dreieck. Es handelt sich um ein gleichseitiges Dreieck.

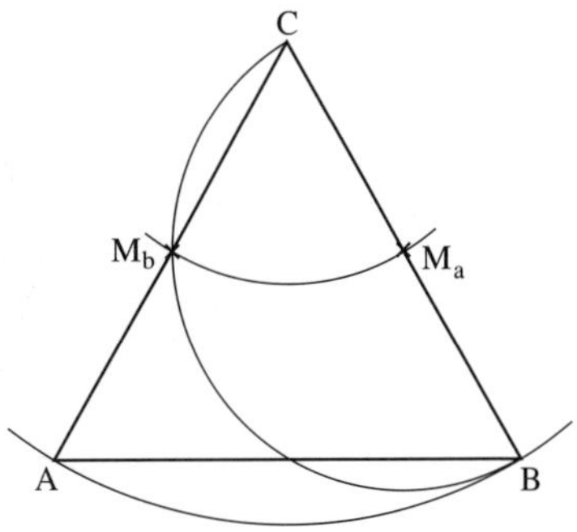

19. Der Umkreismittelpunkt ist der Schnittpunkt der Mittelsenkrechten der Seiten. Sie schneiden sich auf dem Durchmesser $\overline{AB}$. Der Umkreismittelpunkt ist der Mittelpunkt der Strecke $\overline{AB}$.

20. P_1 (7,6 | 7,8) und P_2 (10 | 3); Q_1 (7,6 | 4,2) und Q_2 (12,4 | 4,2);
R_1 (11,5 | 3,5) und R_2 (11,5 | 8,6); S_1 (7,2 | 5) und S_2 (9,2 | 8,9)

67

21. (1) Konstruiere den Thaleskreis über $\overline{MP}$.

(2) Trage in P an die Strecke $\overline{PM}$ zu beiden Seiten einen Winkel von 22°an; die Schnittpunkte mit dem Thaleskreis nenne P_1 bzw. P_2.

(3) Zeichne um M den Kreis mit dem Radius $r = |MP_1| = |MP_2|$; dieses ist der gesuchte Kreis.

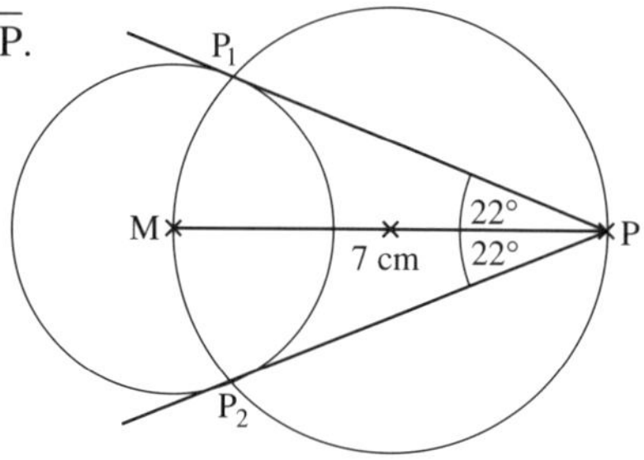

22. *1. Fall:* A liegt nicht auf g; B liegt nicht auf g

2. Fall: A liegt nicht auf g; B liegt auf g
Dann ist h = g.

3. Fall: A liegt auf g; B liegt auf g
Dann ist h = g.

4. Fall: A liegt auf g; B liegt nicht auf g
Dann ist h = AB.

(1) Konstruiere einen Kreis um A, der die Gerade g berührt.

(2) Konstruiere von B aus eine Tangente an den Kreis. Die Tangente ist die gesuchte Gerade h.

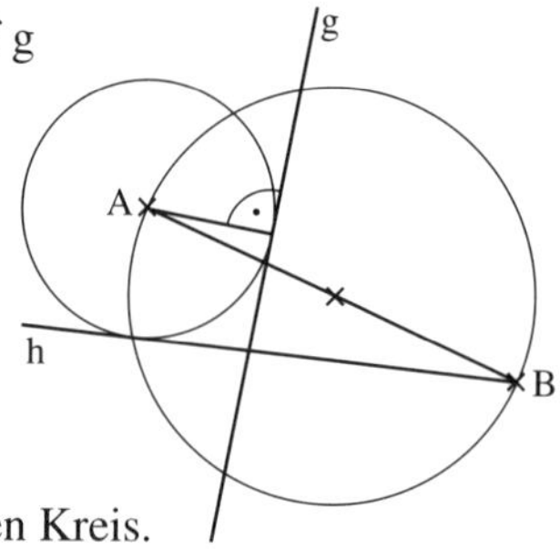

23. **a)** Die Mittelpunkte der Kreise liegen auf der Winkelhalbierenden des Winkels.

b) Der Mittelpunkt des Kreises ist der Schnittpunkt der Parallelen zu den Schenkeln des Winkels mit einem Abstand von 2,5 cm zu den Schenkeln. Er liegt auf der Winkelhalbierenden.

24.

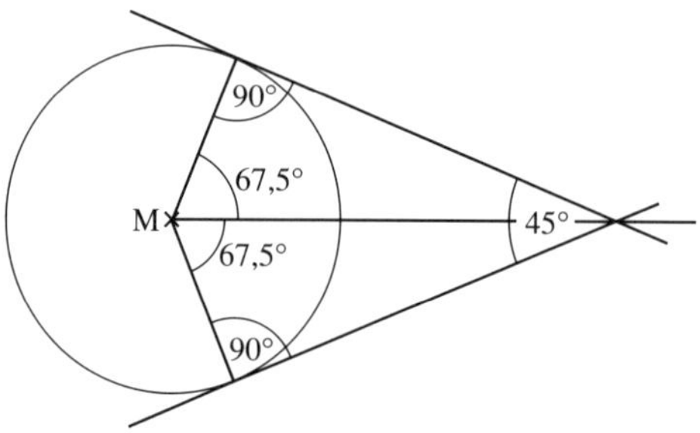

25. -

Im Blickpunkt: Thales von Milet

68 **1.** -

2. Körper und Schatten bilden einen rechten Winkel und bilden mit der roten Linie ein gleichschenkliges Dreieck, dessen Basiswinkel 45° groß sind. Das Dreieck aus Höhe der Pyramide und dessen Schatten ist auch rechtwinklig mit den Winkeln 45°, also auch gleichschenklig. Daher ist die Schattenlänge gleich der Höhe der Pyramide.

3. Die Entfernung vom Turm zum Punkt im Gebäude ist genauso groß wie die Entfernung zum Schiff.

4. -

1.8 Aufgaben zur Vertiefung

69 **1. a)** Die Mittelpunkte der Ankreise sind die Schnittpunkte der Winkelhalbierenden der Außenwinkel. Sie liegen auch auf der Winkelhalbierenden des gegenüber liegenden Winkels.

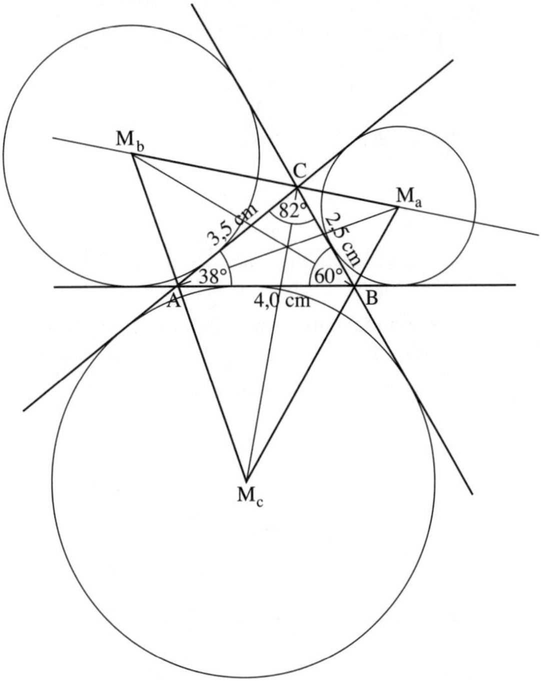

b) Die Winkelhalbierenden von je zwei Außenwinkeln schneiden sich in einem Punkt, da sie nicht zueinander parallel sind. Es gibt also drei Ankreise, die je eine Seite des Dreiecks berühren.

69 **1. c)** Die Winkelhalbierenden der Außenwinkel sind orthogonal zu der Winkelhalbierenden des zugehörigen Innenwinkels, also ist M_cM_b orthogonal zu AM_a (siehe Bild zu Teilaufgabe a). Entsprechendes gilt für die anderen Winkelhalbierenden. Der Höhenschnittpunkt der Winkelhalbierenden im Dreieck ABC wird damit Mittelpunkt des Inkreises von Dreieck ABC.

2. a) M wandert auf der Mittelsenkrechten der Seite $\overline{AB}$.

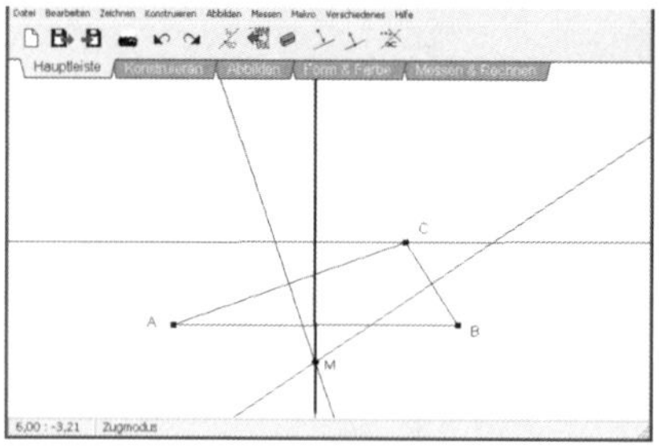

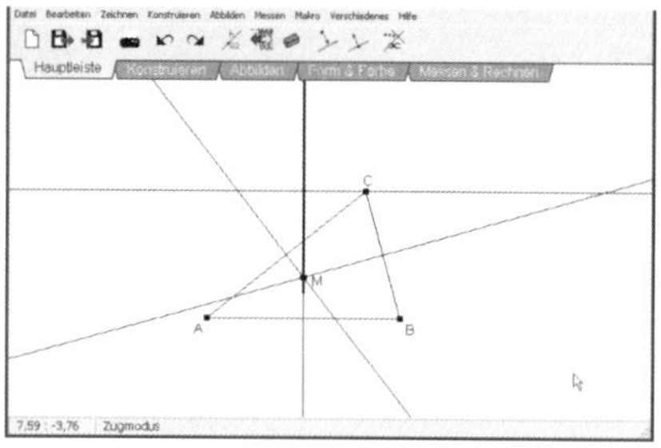

b) H wandert auf einer nach unten offenen Kurve, die durch die Punkte A und B geht (rechte Winkel bei A und B).

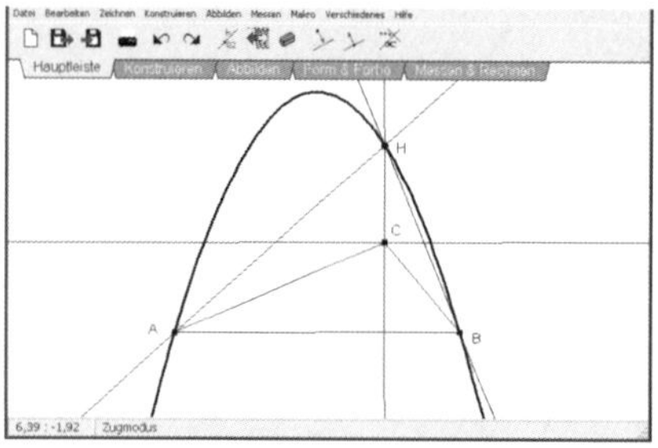

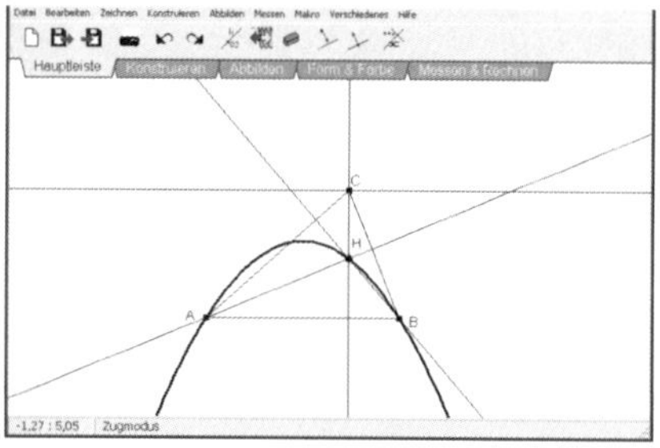

c) W wandert auf einer nach oben gekrümmten Linie.

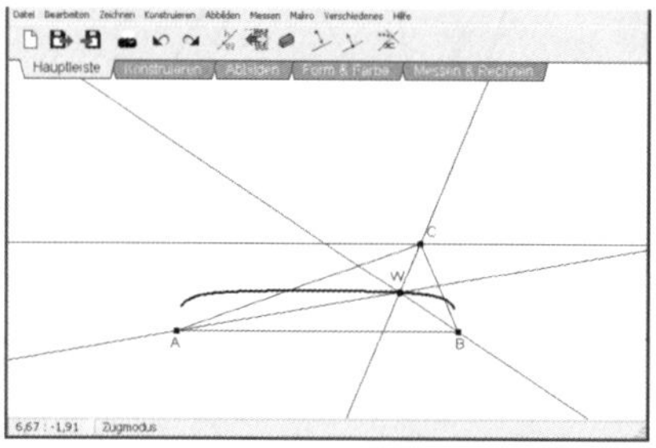

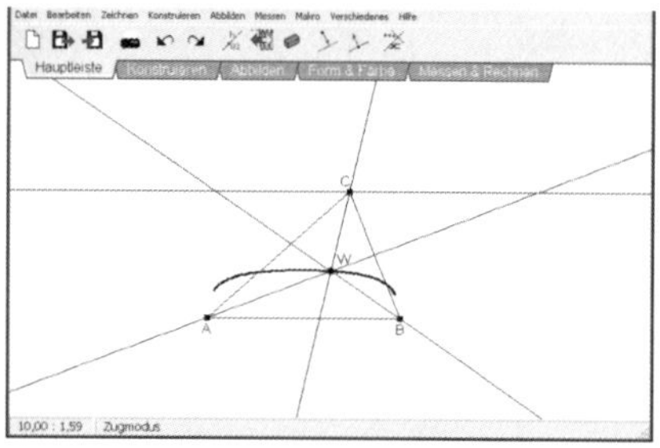

69 **2. d)** S wandert auf einer Parallelen zu AB im Abstand $\frac{h_c}{3}$.

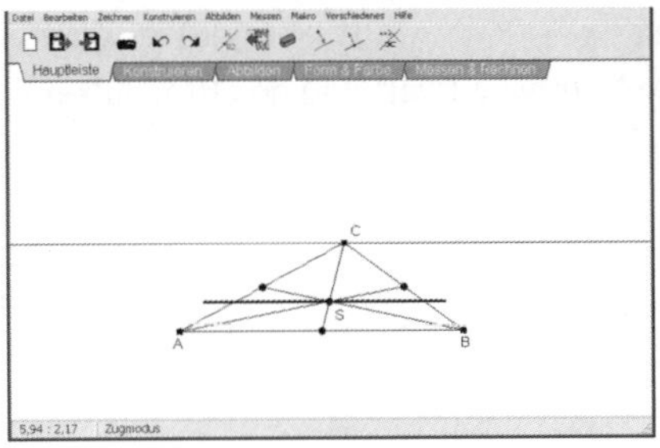

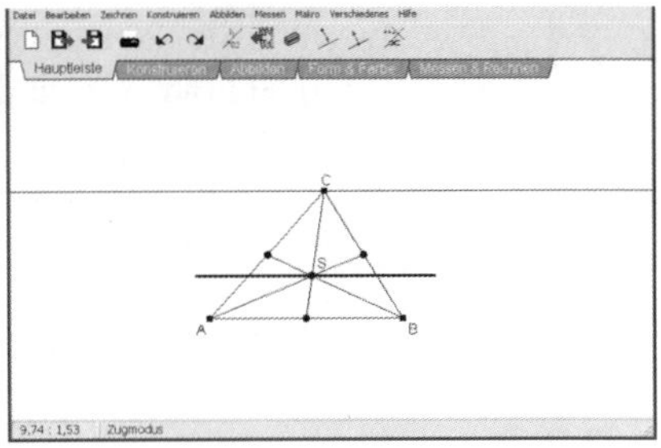

3. Der Mittelpunkt M des Umkreises liegt auf der dem rechten Winkel gegenüber liegenden Seite des Dreiecks und halbiert diese. Die Entfernung von M zu den drei Eckpunkten ist also gleich. Die Seite ist Durchmesser des Umkreises, die Seitenhalbierende ist Radius des Umkreises.
Die Seite ist also doppelt so lang wie die Seitenhalbierende.

4. (1) 69° ($\alpha = 50°$, $\beta = 61°$, $\gamma = 69°$)
(2) Entfernung Gisela – Kreuzungspunkt: 3,9 km
Entfernung Erna – Kreuzungspunkt: 3,4 km

5. a) -
b) Ein gleichseitiges Dreieck ist regelmäßig.
Ein Quadrat ist regelmäßig.
c) Beim Sechseck kann man den Radius sechsmal auf der Kreislinie abtragen (gleichseitige Dreiecke) oder mithilfe des Mittelpunktwinkels (360° : 6 = 60°) das Sechseck zeichnen. [Beim Fünfeck kann man die Konstruktion mithilfe des Mittelpunktwinkels (360° : 5 = 72°) durchführen.]

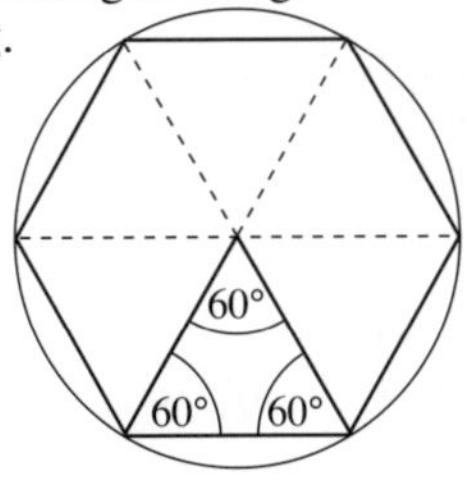

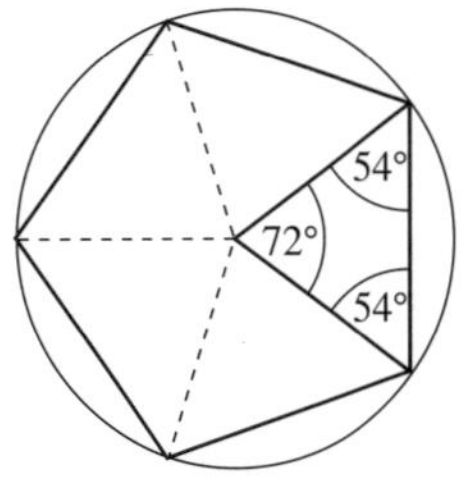

d) Die Dreiecke sind gleichschenklig.
Für den Mittelpunktwinkel α gilt für ein n-Eck:
$\alpha = \frac{360°}{n}$
e) Ist n die Anzahl der Ecken, so gilt für den Innenwinkel α eines regelmäßigen Vielecks: $\alpha = \frac{(n-2) \cdot 180°}{n}$

Bleib fit im Umgang mit den rationalen Zahlen

71 **1. a)** (1) 6 · 20 € = 120 € (2) –3 · 20 € = –60 €

b) (1) Indem man die Beträge addiert und das Ergebnis mit „–1“ multipliziert.
5 · (–3,50 €) = –17,50 €
(2) Indem man den Betrag addiert
2 · (3,40 €)

c) 6 · 20 € – 3 · 20 € – 5 · 3,50 € + 2 · 3,50 €

72 **2. a)** $-25{,}5;\ \frac{99}{4};\ -15;\ -\frac{25}{2};\ -5{,}5;\ 12{,}1;\ 25$

b) $25{,}5;\ 25;\ \frac{99}{4};\ 15;\ \frac{25}{2};\ 12{,}1;\ 5{,}5$

3. a)

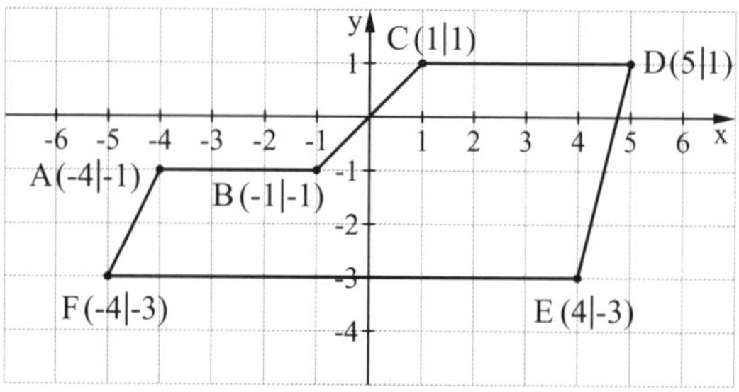

b) A’= (–7; –4);
B’ = (–4; –4);
C’ = (–2; –2);
D’ = (+2; –2);
E’ = (1; –6);
F’ = (–8; –6)

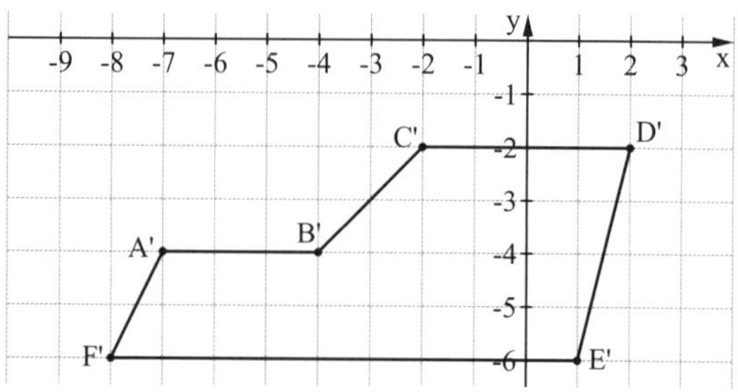

Das neue Vieleck ist kongruent zum alten, allerdings um 3 Einheiten nach links und nach unten verschoben.

4.

a)	b)	c)	d)
+4	+33	–15	–5
+40	+8	+64	+3
–7	–3	–75	–2
–11	–30	–180	+13
16	–8	–77	–12
–26	+6	+132	0
0	0	0	0
–54	+50	–64	Division durch 0 nicht definiert

72

5. **a)** –46 | **b)** –60 | **c)** –8 | **d)** $+\frac{2}{15}$

a) –46	**b)** –60	**c)** –8	**d)** $+\frac{2}{15}$
2,2	–60	–70	0,9
1,3	25	25	$-\frac{1}{2}$

6. Z. B. 2 + (–8) + (–12)
8 : (–8) + (–12)
–2 + 2 – 12
(–12) · 2 + 8
(–8) · 2 + 8
–8 – 2 + (–2) …

7. **a)** 20,00 € – (7,36 € – 1,50 €) = 14,14 €
b) x + 0,86 €; x ≥ 5 z. B. 10,86
c) 12,64 € Rückgeld
d) 14,64 € (mit Schokolade aus c)); 16,14 € (ohne Schokolade aus c))

2. Terme und Gleichungen

74 Lernfeld: Rechenwege kurz und knapp beschreiben

In verschiedenen Kontexten lernen die Schülerinnen und Schüler intuitiv die Bedeutung von Variablen, Termen und Formeln für das abstrakte Beschreiben von Rechengängen oder Rechengesetzen kennen. Sie reflektieren über Sinn, Zweck, Vorteil oder Nutzen einer Formel im Rahmen einer inner- oder außermathematischen Problemstellung. Dabei erfahren sie das Aufstellen einer Formel zur Beschreibung innermathematischer Prozesse und Gesetzmäßigkeiten als sinnvolle und grundlegende mathematische Tätigkeit. Sie üben sich im mathematischen Argumentieren, entwickeln eigenständig Problemlösestrategien und machen erste Erfahrungen im Umgang mit formalen Darstellungen in der Algebra.
In Partnerarbeit festigen die Schülerinnen und Schüler das erworbene Wissen. Die Aufgabenstellungen ermöglichen Eigenaktivitäten und Kommunikation. Sie schärfen in der direkten Auseinandersetzung mit dem Partner das Überprüfen von Lösungsstrategien und Lösungen und schulen so kritisches Reflektionsvermögen, auch unter Verwendung der formalen Sprache.

1. Auftrag: Mobile und Skulpturen bauen
Die Schülerinnen und Schüler führen für verschiedene Größen konkrete Berechnungen durch, erkennen und vergleichen die Struktur ihrer Rechnungen. Sie gelangen so zu einer formelmäßigen Erfassung des Materialbedarfs, indem sie die sich wiederholenden gleichartigen Rechnungen mithilfe von Variablen beschreiben. Dabei lernen sie Terme zur Beschreibung eines Rechenweges kennen.
Aus den verschiedenen Möglichkeiten der Betrachtung des Körpers ergeben sich unterschiedliche Formeln für die Berechnung, deren Gleichwertigkeit die Schülerinnen und Schüler durch Einsetzen überprüfen.

1. Punkt: Beispiele für den Bau eines Mobile:

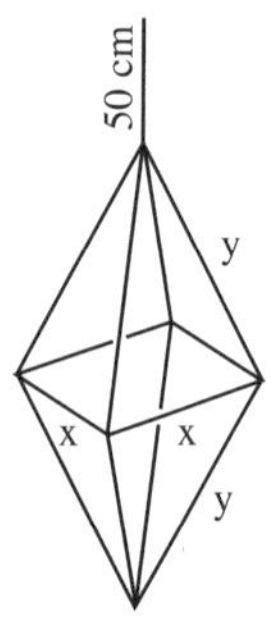

74 Drahtlänge für die quadratische Mittelfläche (in cm): x
Drahtlänge für eine Pyramide ohne Mittelfläche (in cm): y

- Das Mobile besteht aus einer Pyramide, der Mittelfläche, einer weitern Pyramide und dem Aufhänger: $s = 4 \cdot y + 4 \cdot x + 4 \cdot y + 50$
- Das Mobile besteht aus einer Mittelfläche, zwei Pyramiden und dem Aufhänger: $s = 4 \cdot x + 2 \cdot (4 \cdot y) + 50$
- Das Mobile besteht aus vier Kanten der Länge x (in cm) und acht Kanten der Länge y (in cm) und dem Aufhänger: $s = 4 \cdot x + 8 \cdot y + 50$

Beispiele:

Pyramidenkantenlänge	Würfelkantenlänge	Drahtbedarf
4 cm	2 cm	56 cm
8 cm	4 cm	112 cm
15 cm	10 cm	240 cm

2. Punkt: Als Erweiterung kann auch die Variabilität der Länge des Aufhängers thematisiert werden.
Beispiel für den Bau einer Skulptur:
Länge einer Schachtel (in cm): x
Breite einer Schachtel (in cm): y
Höhe einer Schachtel (in cm): z

- Die Skulptur besteht aus 5 quaderförmigen Schachteln:
  $O = 5 \cdot (2 \cdot x \cdot y + 2 \cdot y \cdot z + 2 \cdot x \cdot z)$
- Die Skulptur besteht aus fünf Grundflächen, sechs Seitenflächen und sechs Oberflächen:
  $O = 5 \cdot 2 \cdot x \cdot y + 5 \cdot 2 \cdot y \cdot z + 5 \cdot 2 \cdot x \cdot z$

Variationen ergeben sich z. B., indem nicht sichtbare Flächen nicht in den Materialbedarf einbezogen werden.

Beispiele:

Länge	Breite	Höhe	Materialbedarf
6 cm	4 cm	2 cm	440 cm²
4 cm	6 cm	8 cm	1 040 cm²
10 cm	8 cm	15 cm	3 500 cm²

3. Punkt: Keine Lösung.

75 **2. Auftrag: Entdeckungen an Zahlenmauern**
Mit der Idee der Zahlenmauern wird algebraisches Denken angebahnt.
Beim Ausfüllen der Zahlenmauern können als Leitlinien z. B. folgende Fragestellungen dienen:

- Wie hängen Input und Output zusammen?
- Wie wirken sich Veränderungen in den Belegungen der Grundbausteine auf die übrigen Bausteine aus?
- Kann man aus den Startzahlen die Belegung des Schlusssteines direkt berechnen, ohne die Zwischenfelder auszufüllen?
- Wic kann man Zusammenhänge und Veränderungen darstellen?

75 *1. Punkt:* Die Zahl in einem Stein ist die Summe der Zahlen aus den beiden darüberliegenden Steinen.
Die erste und zweite Zahlenmauer kann direkt durch Ergänzen oder Subtraktion ausgefüllt werden.
In der dritten Zahlenmauer sind zwar genauso viele Zahlensteine vorgegeben, wie in den ersten beiden, jedoch sind sie ungünstiger angeordnet: die 21 ist als Information nicht erforderlich, da sie sich aus der 12 und der 9 sowieso berechnen lässt.
Die dritte Zahlenmauer ist also nicht eindeutig lösbar. Die Schülerinnen und Schüler gelangen zu unterschiedlichen Ergebnissen. Das führt zu der Erkenntnis, dass keine eindeutige Lösung existiert. Hier ist nur ein Beispiel angegeben.
In der vierten Zahlenmauer ist zunächst die fehlende Zahl in der oberen Reihe zu bestimmen. Die Schüler könnten hier wie folgt argumentieren:
Für die Summe 117 werden die Zahlen 12 und 18 nur einmal benötigt, die gesuchte Zahl und 21 dagegen dreimal. Also ist 8 die gesuchte Zahl.
Diese Problemstellung bereitet somit das Aufstellen und Lösen von Gleichungen vor.

25 | 7 | 1
32 | 8
40

1 | 3 | 2
4 | 5
9

12 | 9 | 30
21 | 12
33

12 | 21 | 8 | 18
33 | 29 | 26
62 | 55
117

2. Punkt: Die weiteren Beispiele sind durch Verwendung von Variablen, die konsequente Weiterführung der Erkenntnisse aus den vorangegangenen Beispielen auf einem abstrakteren Niveau.
Zur Hilfe werden die Zahlensteine mit Buchstaben bezeichnet, dann wird entweder die zum Zahlenstein gehörige Zahl notiert oder wie sich der Zahlenstein zusammensetzt, dann wird der unterste Zahlenstein in mehreren Schritten durch die oberste Zahlensteinreihe zusammengesetzt.
Beispiel (vierte Zahlenmauer des vorigen Punktes):

1. Schritt

a | b | c | d
e | f | g
h | i
j

2. Schritt: $a = 12, \quad b = 21, \quad c = ?, \quad d = 18$

$$e = a + b, \quad f = b + c, \quad g = c + d$$
$$h = e + f, \quad i = f + g$$
$$j = 117 = h + i$$

3. Schritt: $117 = j = h + i = (e + f) + (f + g) = (a + b) + (b + c) + (b + c) + (c + d)$
$$= (12 + 21) + (21 + c) + (21 + c) + (c + 18) = 93 + 3 \cdot c$$
Die Gleichung $117 = 93 + 3 \cdot c$ führt auf $c = 8$.

4. Schritt: Die oberste Zahlensteinreihe ist nun vollständig, sodass einfach die darunterliegenden Zahlensteine berechnet werden können.

3. Punkt: Die Addition zweier Zahlen erfüllt die folgende Tabelle:

1. Zahl	2. Zahl	Ergebnis
u	u	g
u	g	u
g	u	u
g	g	g

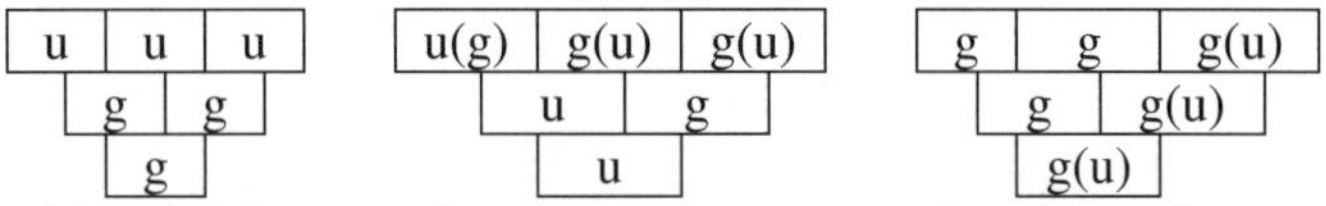

(eindeutig) (zweideutig) (zweideutig)

4. Punkt: In einer Zahlenmauer mit 3 obersten Zahlensteinen können höchstens 4 ungerade Zahlen vorkommen, die obere Reihe setzt sich dann aus zwei ungeraden und einer geraden Zahl in beliebiger Reihenfolge zusammen.

5. Punkt: Keine Lösung

75 **3. Auftrag: Muster erkennen und fortsetzen**
Analysieren, strukturieren und abstrahieren sind Fähigkeiten, die mit der Untersuchung von Mustern geschult werden. Im Vordergrund stehen zunächst eine verbale Beschreibung der Gesetzmäßigkeit, aus der dann in einem weiteren Schritt die formelmäßige Erfassung abgeleitet wird. Einsetzungen dienen zur Überprüfung der aus Beispielen gewonnenen Formeln, sie begleiten den Verständnisprozess für formale Darstellungen.
1. Punkt: Für jedes weitere Muster wird an alle drei Enden der vom Mittelpunkt ausgehenden Strahlen jeweils ein Punkt angelegt.
2. Punkt: Um die ersten 10 Figuren zu legen, werden insgesamt 175 1-Cent-Stücke benötigt.
Formel: Für die n-te Figur benötigt man 3n + 1 Punkte.

2.1 Aufstellen von Termen – Formeln

78 **2.** Wenn man nachträglich Einsetzungen für x bzw. y (in L1 bzw. L2) ändert, so wird der Wert des Terms nur neu berechnet, wenn der Term mit Anführungszeichen geschrieben wurde (L3), sonst nicht (L4).

79 **3. a)** Würfel

Würfel		Tetraeder	
3 cm	Kantenlänge: 36 cm	3 cm	Kantenlänge: 18 cm
5 cm	Kantenlänge: 60 cm	5 cm	Kantenlänge: 30 cm
7 cm	Kantenlänge: 84 cm	7 cm	Kantenlänge: 42 cm

b) Drahtbedarf (in cm): Würfel: $12 \cdot x$ [Tetraeder: $6 \cdot x$]

4. a) Mai: 25,50 € Juni: 28,20 €
b) Stromkosten (in €): $7{,}50 + x \cdot 0{,}09$
c) 13,53 €; 15,33 €; 20,01 €; 39,09 €

79

5. (1) $3 \cdot (-2) + 4 = -2$ (2) $(-4)^2 - 3 = 13$ (3) $(-3)^2 + 5 - 7 \cdot (-3) = 35$

6. **a)** $s = 8x + 4y$
b) (1) $s = 72$ (2) $s = 84$ (3) $s = 106{,}4$
c) Es ist möglich: $x = 4$; $y = 7$

7. **a)** $O = 2ab + 2bc + 2ac$ $s = 2a + 2b + 4c + 20$
b) (1) $O = 122$ $s = 54$ (2) $O = 105{,}3$ $s = 51{,}6$

80

8.

	x	y	$2x - xy^2$
(1)	2	1	2
(2)	1	2	0
(3)	0	1	0
(4)	1	0	2
(5)	–1	1	–1
(6)	1	–1	3
(7)	$\frac{1}{2}$	$-\frac{2}{3}$	$\frac{4}{3}$
(8)	0,7	–1,1	2,17
(9)	$\frac{3}{4}$	–1,4	2,55

9. (1) **a)** 1 **b)** 21 **c)** $-\frac{17}{36}$ **d)** 1,3

(2) **a)** –14 **b)** 21 **c)** $\frac{7}{9}$ **d)** 0,6

(3) **a)** 1 **b)** 46 **c)** $-\frac{29}{36}$ **d)** 0,5

(4) **a)** –8 **b)** 96 **c)** $\frac{5}{72}$ **d)** 0

10.

z	$5 \cdot z - 12 - 8 \cdot z$
–3	–3
–2,5	–4,5
–2	–6
–1,5	–7,5
–1	–9
–0,5	–10,5
0	–12

z	$5 \cdot z - 12 - 8 \cdot z$
0,5	–13,5
1	–15
1,5	–16,5
2	–18
2,5	–19,5
3	–21
3,5	–22,5
4	–24

11. (a) und (2) (b) und (1) (c) und (3) (d) und (4)

80

12. a)

x	−15 − x
12	−27
−23	8
2	−17
0	−15
−9	−6
−16,5	1,5

b)

y	(−3) · y
$1\frac{1}{15}$	−3,2
$-\frac{8}{15}$	1,6
−5,2	15,6
$\frac{1}{3}$	−1
$\frac{1}{5}$	−0,6
$-\frac{1}{30}$	0,1

c)

f	f : (−12)
12	−1
−144	12
2,4	−0,2
15	−1,25
87	−7,25
−3	0,25

13. **a)** L2 = „3*L1 − 4“ L3 = „2*L1*L1“ **b)** -

14. Z. B. Wert ≈ 20: $x_1 = 1$ $y_1 = -4{,}25$

$x_2 = -4$ $y_2 = 2$

z. B. Wert ≈ −20,8: $x_1 = 8$ $y_1 = 0{,}1$

$x_2 = 2$ $y_2 = -1{,}85$

z. B. Wert ≈ −123,4: $x_1 = 1$ $y_1 = -30{,}1$

$x_2 = 2$ $y_2 = -14{,}675$

15. Für negative a wird −3a positiv. Für positive a wird −3a negativ.

81

16. a) $P = x \cdot y + z$

b)

Verbrauch (in kWh)	Kosten (in €)		
	Single	Couple	Family
100	38	66	142
200	51	78	152
300	64	90	162
400	77	102	172
500	90	114	182
600	103	126	192
700	116	138	202
800	129	150	212
900	142	162	222
1 000	155	174	232
1 100	168	186	242
1 200	181	198	252
1 300	194	210	262
1 400	207	222	272
1 500	220	234	282
1 600	233	246	292
1 700	246	258	302
1 800	259	270	312
1 900	272	282	322
2 000	285	294	332
2 100	298	306	342
2 200	311	318	352
2 300	324	330	362
2 400	337	342	372
2 500	350	354	382
2 600	363	366	392
2 700	376	378	402
2 800	389	390	412
2 900	402	402	422
3 000	415	414	432
3 100	428	426	442
3 200	441	438	452
3 300	454	450	462
3 400	467	462	472
3 500	480	474	482
3 600	493	486	492
3 700	506	498	502
3 800	519	510	512
3 900	532	522	522
4 000	545	534	532

Bis 2900 kWh ist Tarif *Single* am günstigsten, dann bis 3900 kWh Tarif *Couple*. Über 3900 kWh ist Tarif *Family* am günstigsten.

81 **16. c)** *Beispiele*

(1) Für die Stromkosten beträgt die Grundgebühr im Jahr 21 €, der Preis pro kWh beträgt 0,14 €.

(2) Der Preis für ein Baugrundstück beträgt 220 € pro Quadratmeter. Dazu kommt noch eine Gebühr von 45 €.

(3) Umgeformt: $P = x \cdot y - z$
Von einem Rechteck mit der Seitenlänge x und y (in m) wird ein z m² großes Grundstück abgetrennt. Die Größe des neuen Grundstücks ist P (in m²).

17. a) (1) $y \cdot z$ (3) $x^2 - y^2$ (5) 2rs

(2) $2y + 2z$ (4) $4x + 2y$ (6) $3r + 4s$

b) -

18. *Beispiele:*

a)

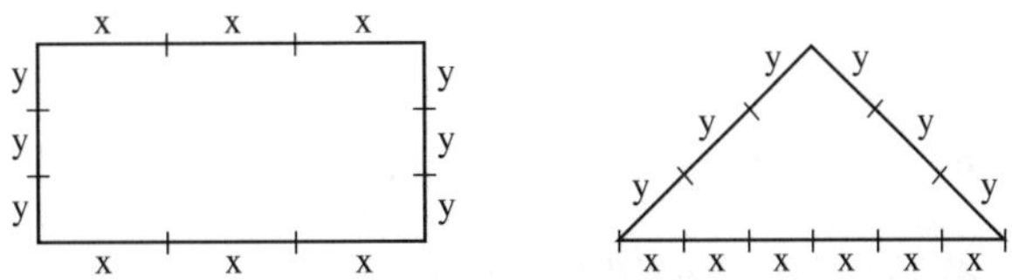

b)

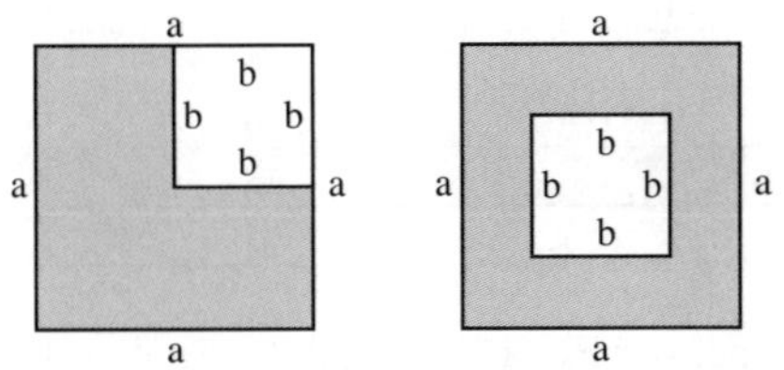

19. a) Monatliche Kosten (in €): $10 + x \cdot 0{,}25 + y \cdot 0{,}10$
x = Anzahl der Minuten; y = Anzahl der SMS

b) -

20. Druckfehler im Bild in Spalte C: Preis mit MwSt.
(1) C2 = B2 * 1,19 (2) D2 = C3 * 0,98
Damit erhält man für 19% Mehrwertsteuer folgende Tabelle.

Artikel	Preis ohne MwSt.	Preis mit MwSt.	Barzahlungspreis
CD-Player	180,00 €	214,20 €	209,92 €
Walkman	170,00 €	202,30 €	198,25 €
Mountain-Bike	390,00 €	464,10 €	454,82 €
Skateboard	45,00 €	53,55 €	52,48 €
Eishockey-Schuhe	95,00 €	113,05 €	110,79 €
Fotoapparat	225,00 €	267,75 €	262,40 €

82

21. a) (1) Der Preis für Erwachsene beträgt 8 €, für Kinder 4,50 €.
(2) 158 Erwachsene und 44 Kinder besuchen die Vorstellung.
(3) Der Preis für Kinder beträgt die Hälfte des Preises für Erwachsene.

b) $(p + 1) \cdot x + q \cdot y$; $(p + 1) \cdot x + (q - 0{,}5) \cdot y$

22. a) *Zum Beispiel:*

Temperatur (in °C)	Länge der Brücke (in m)
–20	29,28
–15	29,46
–10	29,64
–5	29,82
0	30
5	30,18
10	30,36
15	30,54
20	30,72
25	30,9
30	31,08

b) Die Dehnungsfuge muss 31,26 m – 29,10 m = 2,16 m breit sein.

23. a) (1)

Nummer der Figur	Anzahl der Punkte in der Figur
1	2
2	4
3	6
4	8
5	10

(2) Anzahl: $2 \cdot n$

b) (1)

Nummer der Figur	Anzahl der Punkte in der Figur
1	4
2	5
3	6
4	7
5	8

(2) Anzahl: $3 + n$

c) (1)

Nummer der Figur	Anzahl der Punkte in der Figur
1	6
2	8
3	10
4	12
5	14

(2) Anzahl: $4 + 2n$

82

23. **d)** (1)

Nummer der Figur	Anzahl der Punkte in der Figur
1	1
2	4
3	9
4	16
5	25

(2) Anzahl: n^2

Im Blickpunkt: Tabellenkalkulation und Terme

83

1.

	a)	Z. B. für **b)**	Z. B. für **b)**	Z. B. für **b)**
x	$3 \cdot x^2$	$4 \cdot x + 2$	$2 \cdot x^3 + 3$	$2 \cdot x^4$
–2	12	–6	–13	32
–1,5	6,75	–4	–3,75	10,125
–1	3	–2	1	2
–0,5	0,75	0	2,75	0,125
0	0	2	3	0
0,5	0,75	4	3,25	0,125
1	3	6	5	2
1,5	6,75	8	9,75	10,125
2	12	10	19	32

2.

	a) b) 1. Woche		**c)** 2. Woche	
Name	Arbeitszeit	Lohn	Arbeitszeit	Lohn
Meier	40	725	38	693
Sorge	32	597	37	677
Abt	39	709	41	741
Held	28	533	29	549
Lang	34	629	33	613

83 **3.**

Minuten	Kosten	Minuten	Kosten	Minuten	Kosten	Minuten	Kosten
0	4,9	31	10,79	62	16,68	93	22,57
1	5,09	32	10,98	63	16,87	94	22,76
2	5,28	33	11,17	64	17,06	95	22,95
3	5,47	34	11,36	65	17,25	96	23,14
4	5,66	35	11,55	66	17,44	97	23,33
5	5,85	36	11,74	67	17,63	98	23,52
6	6,04	37	11,93	68	17,82	99	23,71
7	6,23	38	12,12	69	18,01	100	23,90
8	6,42	39	12,31	70	18,20	101	24,09
9	6,61	40	12,50	71	18,39	102	24,28
10	6,80	41	12,69	72	18,58	103	24,47
11	6,99	42	12,88	73	18,77	104	24,66
12	7,18	43	13,07	74	18,96	105	24,85
13	7,37	44	13,26	75	19,15	106	25,04
14	7,56	45	13,45	76	19,34	107	25,23
15	7,75	46	13,64	77	19,53	108	25,42
16	7,94	47	13,83	78	19,72	109	25,61
17	8,13	48	14,02	79	19,91	110	25,80
18	8,32	49	14,21	80	20,10	111	25,99
19	8,51	50	14,40	81	20,29	112	26,18
20	8,70	51	14,59	82	20,48	113	26,37
21	8,89	52	14,78	83	20,67	114	26,56
22	9,08	53	14,97	84	20,86	115	26,75
23	9,27	54	15,16	85	21,05	116	26,94
24	9,46	55	15,35	86	21,24	117	27,13
25	9,65	56	15,54	87	21,43	118	27,32
26	9,84	57	15,73	88	21,62	119	27,51
27	10,03	58	15,92	89	21,81	120	27,70
28	10,22	59	16,11	90	22,00		
29	10,41	60	16,30	91	22,19		
30	10,60	61	16,49	92	22,38		

2.2 Aufbau eines Terms

84 **2. a)** $87 \cdot (98 + x)$; 19 053 **b)** $82 : (2 \cdot x - x)$; $4\frac{14}{7}$ $\left(2\frac{13}{14}\right)$

3. a) (1)

Term: $8 \cdot (7 - 3 \cdot x) + 5$	
Teilterme	Typ des Teilterms
$8 \cdot (7 - 3 \cdot x)$; $3 \cdot x$	Produkt
$7 - 3 \cdot x$	Differenz
ganzer Term	Summe

(2)

Term: $5 - (a + 3 \cdot b) \cdot 2$	
Teilterme	Typ des Teilterms
$(a + 3 \cdot b) \cdot 2$; $3 \cdot b$	Produkt
$a + 3 \cdot b$	Summe
ganzer Term	Differenz

84

3. a) (3)

Term: $(5+7\cdot a)^2+2\cdot a$	
Teilterme	Typ des Teilterms
$7\cdot a$; $2\cdot a$	Produkt
$(5+7\cdot a)^2$	Potenz
$5+7\cdot a$, ganzer Term	Summe

(4)

Term: $3\cdot x+(y-7\cdot 2):5$	
Teilterme	Typ des Teilterms
$3\cdot x$; $7\cdot 2$	Produkt
$y-7\cdot 2$	Differenz
$(y-7\cdot 2):5$	Quotient
ganzer Term	Summe

(5)

Term: $4^2-x^2\cdot y^2$	
Teilterme	Typ des Teilterms
$x^2\cdot y^2$	Produkt
4^2; x^2; y^2	Potenz
ganzer Term	Differenz

(6)

Term: $(4-x\cdot y)^2$	
Teilterme	Typ des Teilterms
$4-x\cdot y$	Differenz
$x\cdot y$	Produkt
ganzer Term	Potenz

b) Weil Punktrechnung vor Strichrechnung gilt.

85

4. a)

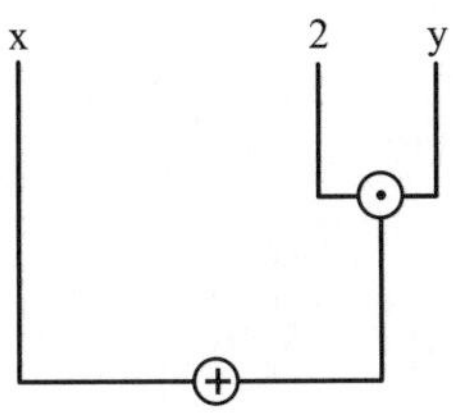

Addition

b)

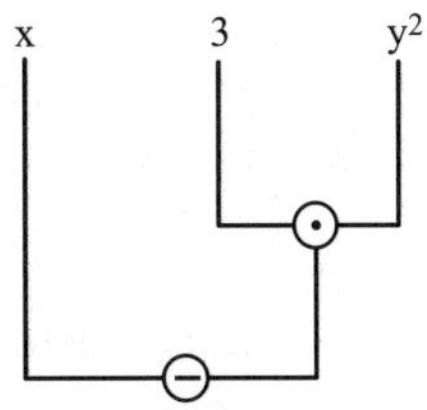

Subtraktion

c)

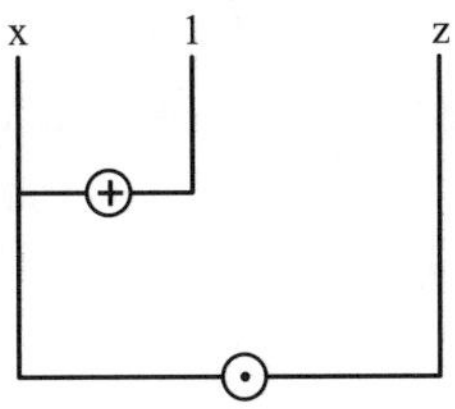

Multiplikation

d)

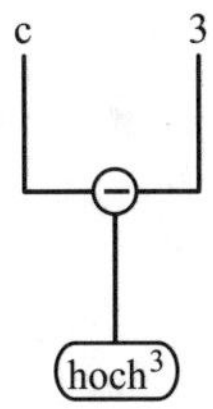

Potenzieren

e)

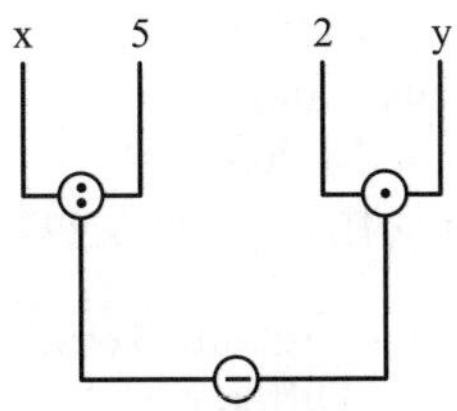

Subtraktion

85

5. a) $(8+x)^2-3$ ist eine Differenz.

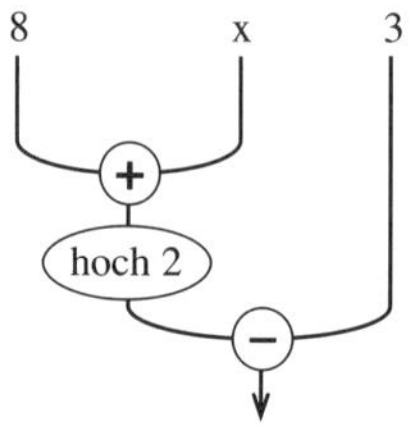

b) $8+\left(x^2-3\right)$ ist eine Summe.

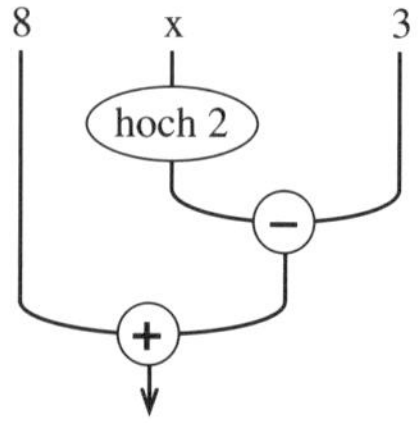

c) $(x-y)\cdot z^3$ ist ein Produkt.

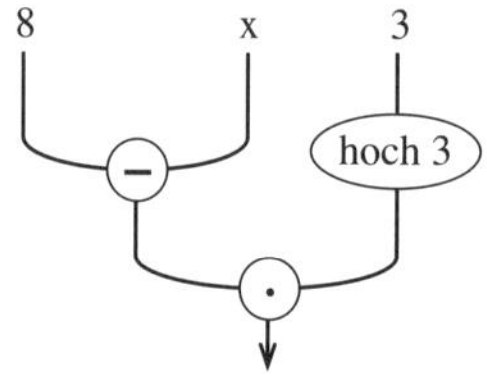

d) $(x-y\cdot z)^3$ ist eine Potenz.

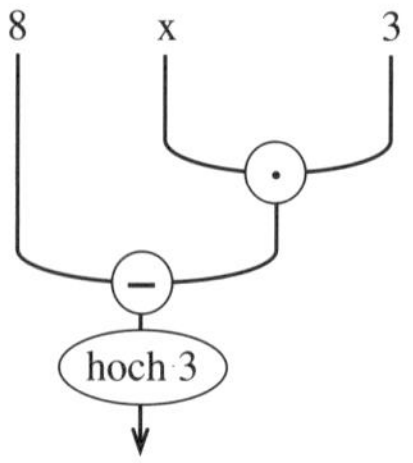

e) $a : b - 4 \cdot a$ ist eine Differenz.

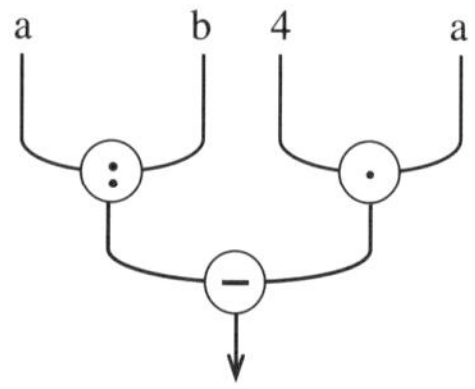

6. a) $25 + y + x$ ist eine Summe.
b) $(x + y) \cdot (x - y)$ ist ein Produkt.
c) $(a \cdot b) - (a : b)$ ist eine Differenz.

7. a) $(5 + x) \cdot y$; Produkt
Multipliziere die Summe aus 5 und x mit y.

b) $(y-x)^2+7$; Summe
Quadriere die Differenz aus y und x und addiere dazu 7.

c) $((z+x)\cdot 4)^3$; Potenz
Bilde das Produkt aus der Summe von z und x mit 4 und potenziere es mit 3.

d) $(8+y):(x-z)^4$
Dividiere die Summe aus 8 und y durch die vierte Potenz der Differenz aus x und z.

8. a) Addiere zu x das Produkt aus 2 und 8.
b) Multipliziere die Summe aus x und 2 mit 8.
c) Subtrahiere 14 vom Produkt aus x und y.
d) Dividiere die Differenz aus 1 und x durch y.
e) Multipliziere das Quadrat der Differenz aus x und 7 mit z.

9. a) Teilterme:
$7 + x$ Summe
$(7+x)^2$ Potenz

gesamter Term:
Differenz

85

9. b) Teilterme: gesamter Term: Produkt

Teilterm		gesamter Term
(5 – m)	Differenz	Produkt
n^2	Potenz	

c) Teilterme: gesamter Term: Potenz

Teilterm		gesamter Term
$m \cdot n$	Produkt	Potenz
$5 - m \cdot n$	Differenz	

d) Teilterme: gesamter Term: Produkt

Teilterm		gesamter Term
$p + q$	Summe	Produkt
$r - 5$	Differenz	

e) Teilterme: gesamter Term: Differenz

Teilterm		gesamter Term
$q \cdot r$	Produkt	Differenz
$p + q \cdot r$	Summe	
oder		
$q \cdot r$	Produkt	Summe
$q \cdot r - 5$	Differenz	

10. a) $3 \cdot a \cdot b = 3ab$

b) $4 \cdot 5 \cdot x = 4 \cdot 5x$

c) $7 \cdot (a - 8 \cdot 6) = 7\,(a - 8 \cdot 6)$

d) $2 \cdot \frac{1}{2} + \frac{3 \cdot x}{2} = 2 \cdot \frac{1}{2} + \frac{3x}{2}$

e) $3 \cdot 5^2 - 1 \cdot x = 3 \cdot 5^2 - 1x$

f) $(4 + x) \cdot (4 - x) = (4 + x)\,(4 - x)$

g) $5 \cdot x^2 \cdot 3 \cdot y = 5x^2 3y$

h) $-2 \cdot p^3 - 3 \cdot (p - q) = -2p^3 - 3(p - q)$

11. a) $3a \cdot b$ **b)** $4 \cdot 5x$ **c)** $7(a - 8 \cdot 6)$ **d)** $2 \cdot \frac{1}{2} + \frac{3x}{2}$ **e)** $3 \cdot 5^2 - 1x$ **f)** $(4 + x)\,(4 - x)$ **g)** $5x^2 \cdot 3y$ **h)** $-2p^3 - 3(p - q)$

12. Anna hat die Einordnungen für ab nicht als Produkt geschrieben.
Bastian hat die Klammern um –3 und um –4 vergessen.
Christian hat es richtig gemacht.

2.3 Termumformungen – Addieren und Subtrahieren

89

3. a) Siehe Infokasten unten auf der Seite im Lehrbuch.

b) (1) $72a + 8 + 19a = 72a + 19a + 8 = 91a + 8$

(2) $34z^2 + 16 + 62z^2 = 34z^2 + 62z^2 + 16 = 96z^2 + 16$

(3) $1{,}4s + 7s^2 + 0{,}6s = 1{,}4s + 0{,}6s + 7s^2 = 2s + 7s^2$

4. a) Siehe 3. a)

b) (1) $-a^2 + 4a + 7$ (2) $u^2 - 3u + 12$

90

5. $2 \cdot x^3 + x^3 + 4 \cdot x^3$ und $7 \cdot x^3$, denn $2 \cdot x^3 + x^3 + 4 \cdot x^3 = 7 \cdot x^3$

$2 \cdot x - 5 \cdot x$ und $-3 \cdot x$; denn $2 \cdot x - 5 \cdot x = -3 \cdot x$

90 **6.** **a)** -
b) Z. B. $x = -6$: $2 - 3 - (-6) = 5$, aber $2 - (3 - (-6)) = -7$

7. (1) wertgleich
(2) nicht wertgleich, denn für $a = 2$ gilt: $(4-2)^2 = 64$, aber $4 \cdot 2^2 = 16$
(3) wertgleich
(4) nicht wertgleich, denn für $x = 0$ gilt: $(1+0)^2 = 1$, aber $(1+0) \cdot 2 = 2$

8. (1) $4a - 5$ (3) $3a - (5 - a)$
(2) $4a - 4 \cdot 5$ (4) $(a - 5) \cdot 4$
Nicht wertgleich sind: (1) und (2); (1) und (4)
Wertgleich sind: (2) und (3); (3) und (4)

9. $a \cdot ba = a^2b$ (Kommutativgesetz der Multiplikation)
$4a^2b + a^2b = 5a^2b$ (Zusammenfassen gleichartiger Glieder)

10. (1) 42 (2) –3 (3) –5
42 –3 –5
42 –3 –5
Die Terme könnten wertgleich sein. Durch Vereinfachen erhält man bei allen Termen den Term $4 - 6y$. Die Terme sind also wertgleich.

11. **a)** Z. B. $a = 1, x = -3$ **b)** Z. B. $u = 2, v = 3$ **c)** Z. B. $x = 1$

12. Z. B. $x = 0, y = 0$; $x = -1, y = 14$; $x = 0{,}5, y = -8$

13. Gegenbeispiel: $x = 1, y = 2$

91 **14.** **a)** $a + b + a + b = a + a + b + b = 2a + 2b$ bzw. $(a + b) + (a + b) = 2\,(a + b)$
b) (1) $u = 24$ (2) $u = 9$ (3) $u = 2\frac{1}{3}$

15. (1) $4a - b$ (3) $3a - (b - a) = 4a - b$
(2) $4a - 4b$ (4) $(a - b) \cdot 4 = 4a - 4b$
Die Terme in (1) und (3) sind wertgleich zueinander, ebenso die Terme (2) und (4). Die Terme (1) und (2), (1) und (4), (2) und (3), sowie (3) und (4) sind nicht wertgleich zueinander.

16. **a)** *Beispiele:* $a^2 - b^2$ oder $a\,(a - b) + (a - b)\,b$
b) (1) 375 (2) 580

17. **a)** $b + 5b + b + 5b = 12b$
b) $3a + a + 2a + 4a + a + 5a = 16a$
c) $y + 4y + y + y + 3y + y + y + 4y = 16y$
d) $x + 2x + x + x + x + x + 2x + x + 3x + 5x = 18x$
e) $3t + t + 2t + t + 2t + t + 2t + t + 2t + t + 3t + 5t = 24t$
f) $x + 2x + x + 2x + x + 5x + x + 2x + x + 2x + x + 5x = 24x$

91 **18.** **a)** (1) $4x$ (2) $2t$ (3) $7t$ (4) $4c$ (5) a (6) $a^2 + 2a$

b) (1) $2x + 2y$ (3) $2a + b + 3c$ (5) $a^2 + 2a + 2ab$

(2) $2k + 5t$ (4) $3ab$ (6) $2x^2y + xy + xy^2$

19.

Sarah:	$x = 3$ ergibt:	$3 + 3^2 = 9$, aber $3^3 = 27$
Dennis:	$x = 5$ ergibt:	$5 + 5^2 = 30$, aber $2 \cdot 5^3 = 250$
Marie:	$x = 2$ ergibt:	$2 + 2^2 = 6$, aber $2 \cdot 2 = 4$
Florian:	$x = 3$ ergibt:	$3 + 3^2 = 12$, aber $2 \cdot 3^2 = 18$

92 **20.** **a)** $x + x + x + x + x + x + x$

b) $a + a + b + b + b$

c) $xy + xy + xy + y^2 + y^2 + y^2 + x^2 + x^2 + x^2$

d) $x + x + 3$

e) $x^2 + y^2 + y^2 + y^2$

21.

a)	b)	c)	d)
$6x$	$-0{,}2r$	r	$-2{,}47x^2$
$8y$	$-1{,}32x$	$-7s$	$-0{,}3v^2$
$4x$	$12x$	$-10z$	$\frac{1}{8}r^2$
0	0	$-0{,}7a$	$\frac{1}{12}x$

22. Wertgleiche Terme sind:

$3x + 5x - 7x$ und $\frac{3}{4}x - \frac{3}{2}x + 1{,}75x$ und $14x - 18x + 6$.

$8x + 6x - 14x$ und $2{,}5x + 7{,}5x - 10x$

23.

a)	b)	c)	d)
$12a + 11$	$7xy$	$0{,}9ab - 17ac$	$\frac{1}{8}r^2$
$2x^2 + 13x$	$9st$	$-2{,}47x^2$	$\frac{1}{12}xy^2$
$-3u^2 + 8u + 6$	$10yz$	$-0{,}7abc$	$-\frac{5}{12}u$
$8r^2 + 5v^2 - 13r$	$-65uv$	$-0{,}3u^2v$	$\frac{29}{35}ba$
$q^2 - q$	$-8rt$	0	

24. **a)** $x^3 + 5x^2 - 5x$ **d)** $z^3 - 24z^2 + 11z + 4$

b) $-8u^4 + 6u + 12$ **e)** $34w^3 - 84w^2 + 29w$

c) $c^5 - c^4 + 5c^3 - 3c^2 + 4c + 9$ **f)** $2{,}3a^3 + 2{,}3a^2 - 1{,}4a$

25. -

92 **26.** (1) $3-\left(-\frac{1}{2}\right)-\frac{3}{2}\left(-\frac{1}{2}\right)^2+5\left(-\frac{1}{2}\right)-\frac{1}{2}\left(-\frac{1}{2}\right)^2+\frac{3}{4}+2\left(-\frac{1}{2}\right)^2=-3\frac{1}{4}$

(2) $8x+\frac{3}{4}=8\cdot\left(-\frac{1}{2}\right)+\frac{3}{4}=-3\frac{1}{4}$

27. (1) - (2) 11d (3) - (4) - (5) 0

28. Michael hat bei allen Aufgaben nicht beachtet, dass die Glieder nicht gleichartig sind.

29. *Beispiele:*

a) $x + 15x$
$8x + 8x$
$4x + 12x$

b) $h + 8h$
$2h + 7h$
$4h + 5h$

c) $12ab + 12ba$
$ab + 23ab$
$5ab + 19ab$

d) $s^2 + 5s^2$
$3s^2 + 3s^2$
$2s^2 + 4s^2$

e) $z^2y + 19yz^2$
$10z^2y + 10yz^2$
$5z^2y + 15z^2y$

f) $b^2x^3 + 11b^2x^3$
$6b^2x^3 + 6b^2x^3$
$5b^2x^3 + 7x^3b^2$

93 **30. a)** 1. Zeile: $(x + z) + (x + y - z) + (x - y) = 3x$
2. Zeile: $(x - y - z) + x + (x + y + z) = 3x$
3. Zeile: $(x + y) + (x - y + z) + (x - z) = 3x$
1. Spalte: $(x + z) + (x - y - z) + (x + y) = 3x$
2. Spalte: $(x + y - z) + x + (x - y + z) = 3x$
3. Spalte: $(x - y) + (x + y + z) + (x - z) = 3x$
Hauptdiagonale: $(x + z) + x + (x - z) = 3x$
Nebendiagonale: $(x - y) + x + (x + y) = 3x$

b)

u	v + w	x − w	y
x − z	y	u	v + z
z + y	x	v	u − z
v	u − w	y + w	x

31. a) $d = n\,(2x + 2y)$
b) $d = 20\,(2x + 2y)$ $d = 680$ Maß in mm
c) -

93

32. $2x - y + (-2y) + 1 = 2x - 3y + 1$
$2x - y + x - y = 3x - 2y$
$2x - y + y - y^2 = 2x - y^2$
$-x + y + (-2y) + 1 = -x - y + 1$
$-x + y + x - y = 0$
$-x + y + y - y^2 = -x + 2y - y^2$
$x^2 - x + (-2y) + 1 = x^2 - x - 2y + 1$
$x^2 - x + x - y = x^2 - y$
$x^2 - x + y - y^2 = x^2 - x + y - y^2$

33. **a)** $-3ab + 4a^2$
b) $2xy - 2x^2y - 9xy^2 + 3y^2 - 3x^2$
c) $-3s^3t - 3st^3 + 3s^2t + s^3t^3$
d) $1,6uv^2 - 0,6u^2v - 0,9uv - 0,9v^2$
e) $-\frac{5}{12}cd - \frac{4}{3}cd^2 - \frac{1}{12}c^2d + \frac{5}{6}c^2d^2$
f) $-5pq - \frac{1}{6}pq^2 - \frac{2}{3}p^2q^2$

Im Blickpunkt: Umgang mit Termen bei einem Computer-Algebra-System (CAS)

94

1. -

2. -

3. Anwendung des Assoziativ- und Kommutativgesetzes

2.4 Multiplizieren und Dividieren von Produkten

96

2. $4 \cdot 6x \cdot 2 = 8 \cdot 12\,x \quad |:4$
$4 \cdot 6x : 2 = 2 \cdot 12x$
Man dividiert ein Produkt durch eine Zahl, indem man nur einen Faktor des Produkts durch die Zahl dividiert.

3. **a)** $24x$ **b)** $35a$ **c)** $-3u$ **d)** y **e)** $4x$ **f)** $4r$

4. **a)** $-8a$ **b)** $-10s$ **c)** $2xy$ **d)** $-2a$

96 **5.**

a) $60a$	**c)** $12x$	**e)** $-60x$	**g)** $-0{,}4u$
$60a$	$\frac{5}{9}r$	$-3{,}6y$	$23x$
$-60a$	$-1{,}5y$	$3{,}5t^2 = \frac{7}{2}t^2$	$4yz$
b) $2x$	**d)** $22y$	**f)** $-45y$	**h)** $\frac{5}{2}a$
$-2x$	$-4t$	$-132r$	$-\frac{3}{5}s$
$2x$	$+\frac{6}{7}k^2$	$80s^2$	$0{,}75y^2$

6. Adrian: falsch; richtig: $y + y + y = 3y$
Christian: richtig
Ellen: falsch; richtig: $7 \cdot (2u) = 14u$
Gitte: falsch; richtig: $(18a \cdot 21) : 3 = 6a \cdot 21 = 126a$
Barbara: richtig
Daniel: falsch; richtig: $(-1) \cdot (-2) \cdot (-u) = -2u$
Frank: richtig
Hanna: falsch; richtig: $x^2 : 2 = \frac{1}{2}x^2$

7. **a)** $15x^2$ **c)** $4y^2$ **e)** $3a^2$ **g)** $-12w^2$ **i)** $-2z^3$ **k)** $-\frac{1}{5}u^2$
b) $-7p^2$ **d)** $\frac{1}{4}z^2$ **f)** $6m^2$ **h)** $24y^3$ **j)** $\frac{1}{3}a^3$ **l)** $\frac{1}{6}x^2$

8. $V_{\text{groß}} = 4a \cdot 4a \cdot 4a = 64a^3$ $V_{\text{klein}} = 2a \cdot 2a \cdot 2a = 8a^3$

9. **a)**

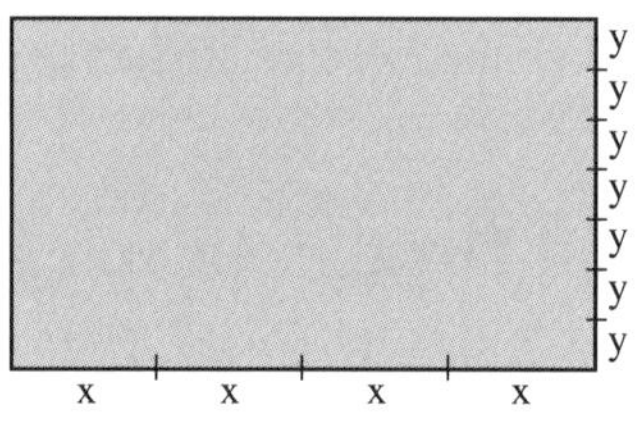

b)

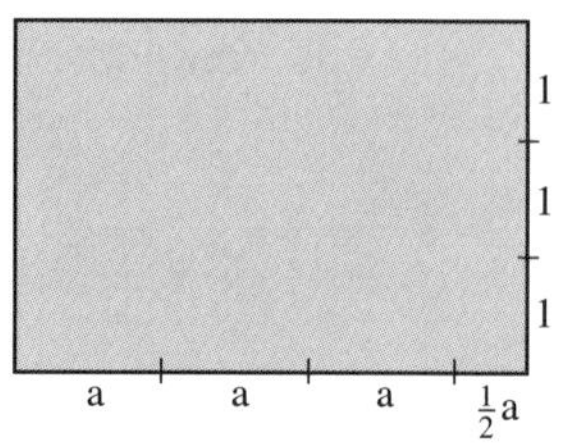

c)

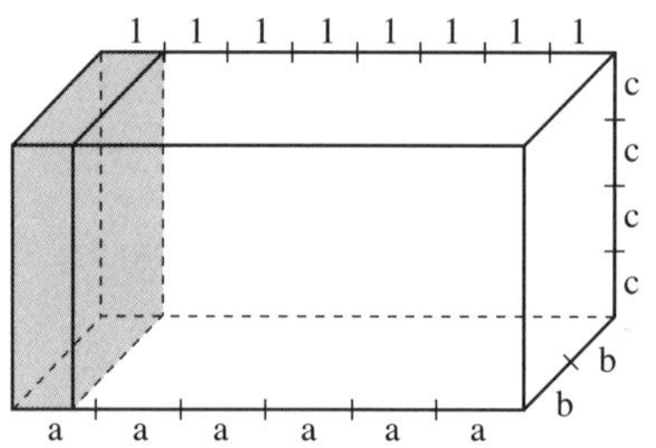

d)

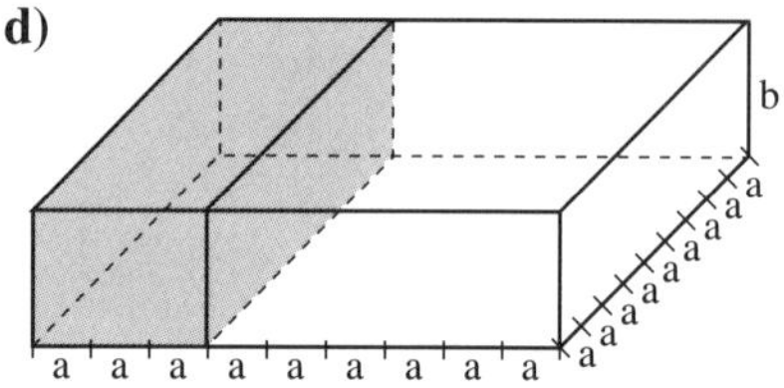

97 **10.** **a)** $19x + 7$ **c)** 0 **e)** 0
b) $a^2 + 27a$ **d)** $-4x^2 + 13x$ **f)** $5x^2 + 22x$

11. Preis: $x \cdot 0{,}7 \cdot 0{,}9 = x \cdot 0{,}63$ Der Gesamtnachlass beträgt 37%.

97

12. **a)** $p \cdot 1{,}079 \cdot 0{,}983 = p \cdot 1{,}060657$
b) (1) $0{,}91 \cdot (1{,}2 \cdot x) = 1{,}092x$
Ein Preis wird um 20% erhöht und dann um 9% gesenkt.
(2) $(0{,}98 \cdot x) \cdot 1{,}05 = 1{,}029x$
Ein Preis wird um 2% gesenkt und dann um 5% erhöht.

13. **a)** $27x + 15y$ **b)** $28a - 21b$ **c)** $-18u + 18v$ **d)** $10x + 2y$ **e)** $-2p - 3q$ **f)** $-8a$

14. Zwischen den Variablen stehen Malpunkte.

15. **a)** $100a^3b$
$-180x^3y$
$\frac{2}{3}u^2t$
$-58rt^5$

b) $3x^2y^3$
$-3xz^4$
$\frac{4}{3}a^2b^2$
$-\frac{3}{5}u^2v$

16. **a)** $x^2 \cdot x^3 = (x \cdot x) \cdot (x \cdot x \cdot x) = x^5$
$a^3 \cdot (-a) = a \cdot a \cdot a \cdot (-a) = -a^4$
$5a^4 \cdot 3a^2 = 5 \cdot a \cdot a \cdot a \cdot a \cdot 3 \cdot a \cdot a = 15a^6$
$x^5 : x^2 = (x \cdot x \cdot x \cdot x \cdot x) : (x \cdot x) = x^3$
b) $(-6b) \cdot b^3 = (-6 \cdot b) \cdot (b \cdot b \cdot b) = -6b^4$
$7x^5 \cdot (-5x) = 7 \cdot x \cdot x \cdot x \cdot x \cdot x \cdot (-5) \cdot x = -35x^6$
$(-r) \cdot s^2 \cdot r^4 = (-r) \cdot s \cdot s \cdot r \cdot r \cdot r \cdot r = -r^5s^2$
$4ab \cdot 3ab = 4 \cdot a \cdot b \cdot 3 \cdot a \cdot b = 12a^2b^2$
c) $9b \cdot b^4 \cdot b^3 = 9 \cdot b \cdot (b \cdot b \cdot b \cdot b) \cdot (b \cdot b \cdot b) = 9b^8$
$x^5 \cdot y^4 \cdot y^3 = (x \cdot x \cdot x \cdot x \cdot x) \cdot (y \cdot y \cdot y \cdot y) \cdot (y \cdot y \cdot y) = x^5y^7$
$8r^3 \cdot 5r \cdot t^2 \cdot 3r^2 \cdot t = 8 \cdot r \cdot r \cdot r \cdot 5 \cdot r \cdot t \cdot t \cdot 3 \cdot r \cdot r \cdot t = 120r^6t^3$
$15a^3 : 3a^2 = 15 \cdot a \cdot a \cdot a : (3 \cdot a \cdot a) = 5a$

17. **a)** $5x^7 + 9x^7 = 14x^7$
$-12r^9 - 8r^9 = -20r^9$
$7t^3 + t^3 = 8t^3$

b) $8a^5 + 5a^5 + 9a^5 = 22a^5$
$9y^{11} - 13y^{11} + 4y^{11} = 0$
$8x^5 + x^5 - 10x^5 = -x^5$

c) $14a^4b^3 + 9a^3b^3 - 10a^4b^3 = 4a^4b^3 + 9a^3b^3$
$6p^2q^4 - 1{,}2p^2q^3 - 20p^2q^3 = 6p^2q^4 - 21{,}2p^2q^3$
$-18x^4y^4 - 6x^4y^4 - 70x^4y^4 = -94x^4y^4$

98

18. a) b) (1) $V = 4b \cdot t \cdot h + b \cdot h \cdot h = 4bht + bh^2$

$O = 2\,(4b \cdot h) + 2 \cdot b \cdot h + 4b \cdot t + t \cdot h + 3b \cdot t + t \cdot h + bt + 2h \cdot t$
$= 10bh + 8bt + 4ht$

(2) $V = 3h \cdot b \cdot t + 3b \cdot t \cdot h = 6bht$

$O = 2\,(3b \cdot h + 3h \cdot b) + bt + t \cdot 3h + bt + th + 3bt + th + tb + 3ht$
$= 12bh + 6bt + 8ht$

(3) $V = 3b \cdot t \cdot h + 2\,(bht) = 5bht$

$O = 2\,(3b \cdot h + 2b \cdot h) + 3bt + 2ht + bt + ht + bt + ht + bt + 2ht$
$= 10bh + 6bt + 6ht$

c) d)

(1)	S:	V = 9 180 cm³;	O = 3 204 cm²;	m = 20,196 kg
	M:	V = 21 760 cm³;	O = 5 696 cm²;	m = 47,872 kg
	L:	V = 42 500 cm³;	O = 8 900 cm²;	m = 93,500 kg
(2)	S:	V = 9 720 cm³;	O = 3 888 cm²;	m = 21,384 kg
	M:	V = 23 040 cm³;	O = 6 912 cm²;	m = 50,688 kg
	L:	V = 45 000 cm³;	O = 10 800 cm²;	m = 99,000 kg
(3)	S:	V = 8 100 cm³;	O = 3 258 cm²;	m = 17,820 kg
	M:	V = 19 200 cm³;	O = 5 792 cm²;	m = 42,240 kg
	L:	V = 37 500 cm³;	O = 9 050 cm²;	m = 82,500 kg

19. -

20. a) $A = a^2 + 4 \cdot 0{,}9a \cdot a = 4{,}6a^2$

b) $O = 6a^2$ $4{,}6a^2$ sind $76\frac{2}{3}$ % von $6a^2$.

21. a) (1) $19xy - 15x + 21z$

(2) $4xz - 4yz$

(3) $72abc - 43ab$

(4) $-48rs - 44trs + 216r^2s$

(5) $32uv^2 - 21u^2v$

b) -

22. $(3x)^2 = 9x^2 = (-3x)^2$

$-(3x)^2 = -9x^2$

99

23. a) $3a \cdot 3a$

$2uv \cdot 2uv \cdot 2uv$

b) $b^3 \cdot b^3$

$4cd^2 \cdot 4cd^2 \cdot 4cd^2$

c) $2x^2yz \cdot 2x^2yz \cdot 2x^2yz$

$3u^2v^3 \cdot 3u^2v^3$

d) $(-ab) \cdot (-ab)$

$(-2x) \cdot (-2x) \cdot (-2x)$

e) $\left(-2x^2y\right) \cdot \left(-2x^2y\right) \cdot \left(-2x^2y\right)$

$(-ab)^3 \cdot \left(-ab^3\right)$

99

24. **a)** $1{,}1x^2y \cdot 1{,}1x^2y$ **c)** $\frac{1}{2}ab^2 \cdot \frac{1}{2}ab^2$

b) $\left(-0{,}5rs^2t^3\right)\left(-0{,}5rs^2t^3\right)$ **d)** $\left(-\frac{3}{4}rs^2t\right) \cdot \left(-\frac{3}{4}rs^2t\right) \cdot \left(-\frac{3}{4}rs^2t\right)$

25. **a)** $9x^2$ **c)** $\left(6a^2\right)^2$ **e)** $\left(\frac{1}{9}z^3\right)^2$ **g)** $\left(10ab^2\right)^2$ **i)** $\left(\frac{1}{3}pa^2\right)^2$

b) $(5z)^2$ **d)** $\left(\frac{1}{2}u\right)^2$ **f)** $(2xy)^2$ **h)** $\left(8uv^2w\right)^2$ **j)** $\left(\frac{4}{9}cd^2e^3\right)^2$

26. **a)** $36x^3y^2$ **b)** $-192p^4q^7$ **c)** $17u^6v^{12}$

$12a^4b^4$ $-4v^3w^5$ $36x^2y^2$

$45c^6d^2$ $-3p^7q^8$ $-4u^2v^2$

27. **a)** $A_1 = a \cdot a = a^2$; $A_2 = (2a) \cdot (2a) = 4a^2$; $A_n = (n \cdot a) \cdot (n \cdot a) = n^2a^2$

b) $A_{alt} = a \cdot a = a^2$

$A_{neu} = (a \cdot 0{,}9)(a \cdot 0{,}9) = 0{,}81a^2$

Der Flächeninhalt beträgt 81% des ursprünglichen Quadrats.

28. **a)**

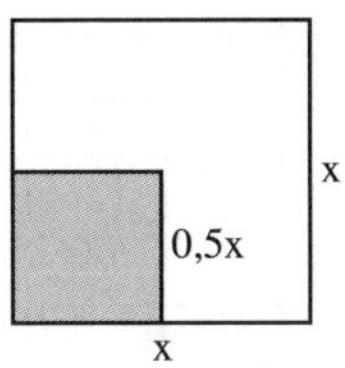

b)

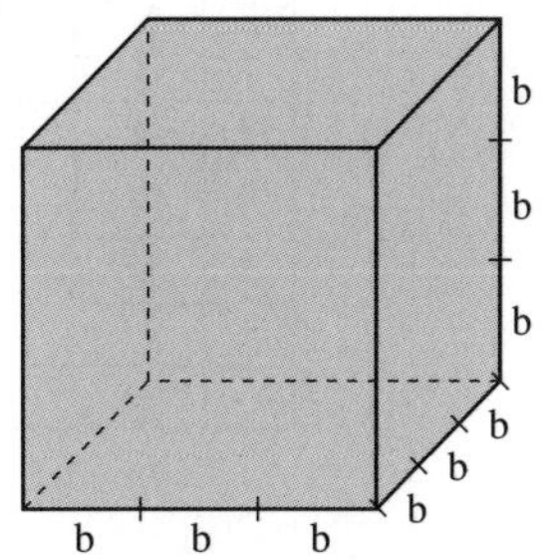

c)

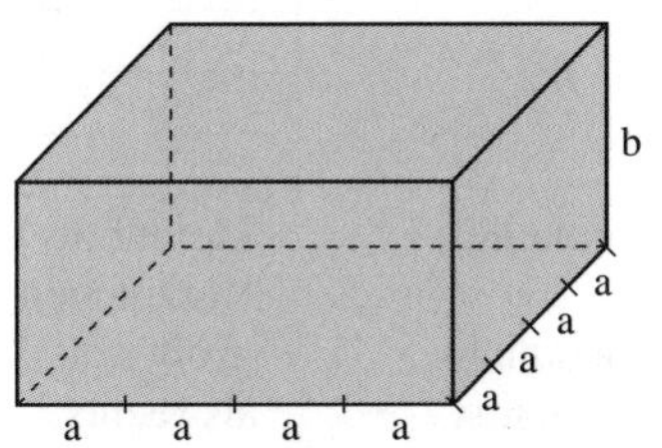

d)

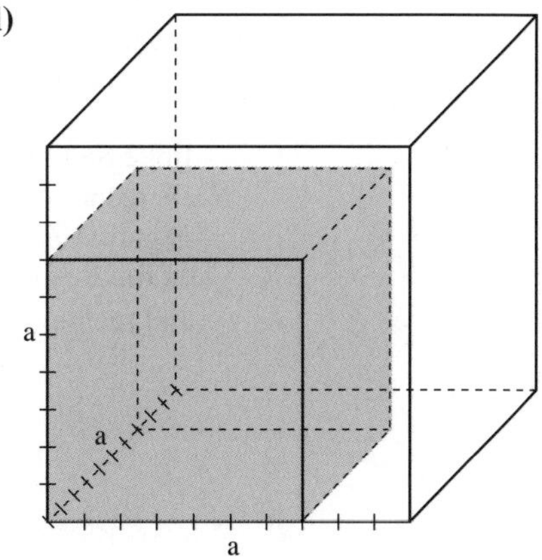

e)

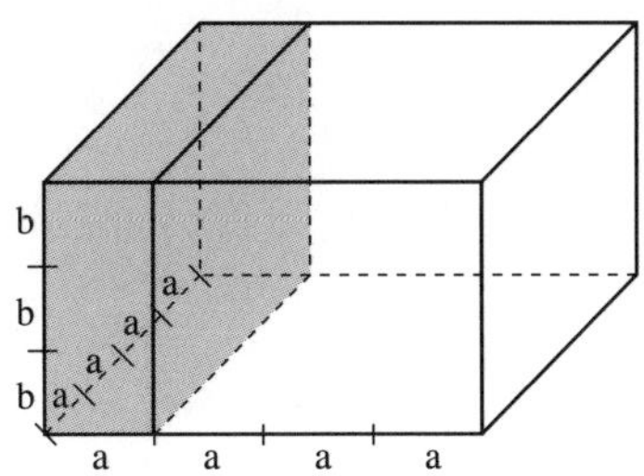

99

29. $\frac{3}{5}x = \frac{3x}{5} = 3x : 5 = 3 \cdot \frac{x}{5} = \frac{1}{5}x \cdot 3 = 3 : 5 \cdot x$

$\frac{3}{5x}$

30. **a)** (1) $V_a = a^3$ (2) $O_a = 6a^2$

$V_{2a} = (2a)^3 = 8a^3$ $O_{2a} = 6 \cdot (2a)^2 = 24a^2$

b) (1) $V_{3a} = (3a)^3 = 27a^3$ (2) $V_{\frac{11}{10}a} = \left(\frac{11}{10}a\right)^3 = \frac{1\,331}{1\,000}a^3$

$O_{3a} = 6 \cdot (3a)^2 = 54a^2$ $O_{\frac{11}{10}a} = 6 \cdot \left(\frac{11}{10}a\right)^2 = \frac{726}{100}a^2 = \frac{363}{50}a^2$

2.5 Lösen von Gleichungen und Ungleichungen durch Probieren

102

1. −2 und 5

2. **a)** $x^2 = 6 \cdot x - 5$

x	x^2	6x − 5	
1	1	1	wahr
2	4	7	falsch
3	9	13	falsch
4	16	19	falsch
5	25	25	wahr
6	36	31	falsch

- linke Seite wächst schneller als rechte
- negative Zahlen gehen nicht, da linke Seite immer positiv und rechte dann negativ

b) $x^2 = 4x + 12$

x	x^2	4x + 12
−4	16	−4
−3	9	0
−2	4	4
−1	1	8
0	0	12
1	1	16
2	4	20
3	9	24
4	16	28
5	25	32
6	36	36
7	49	40

- kleiner als −4 unterschiedliche Vorzeichen
- größer als 7 links wächst schneller als rechts

Antwort: L = {−2; 6}

102

2. c) $5x = x^2$

x	5x	x^2
−1	−5	1
0	0	0
1	5	1
2	10	4
3	15	9
4	20	16
5	25	25
6	30	36

- kleiner als 0 unterschiedliche Vorzeichen
- größer als 6 wächst schneller als links

Antwort: L = {0; 5}

d) $x^2 + 11x = -24$

x	$x^2 + 11 \cdot x$	−24
−12	12	−24
−11	0	−24
−10	−10	−24
−9	−18	−24
−8	−24	−24
−7	−28	−24
−6	−30	−24
−5	−30	−24
−4	−28	−24
−3	−24	−24
−2	−18	−24
−1	−10	−24
0	0	−24
1	12	−24

- kleiner als −12 die linke Seite ist immer größer 0
- größer als 1 die linke Seite ist immer größer 0

Antwort: L = {−8; −3}

3. a) $6^2 = 36$ $\quad 5 \cdot 6 + 6 = 36$ $\quad 36 = 36$ wahr

b) $(-1)^2 = 1$ $\quad -1 = -1$ $\quad 1 = -1$ falsch

c) $0^2 = 0$ $\quad 6 + 0 = 6$ $\quad 0 < 6$ wahr

d) $(-1{,}5)^2 = 2{,}25$ $\quad 3{,}5 + 0{,}5 \cdot 1{,}5 = 4{,}25$ $\quad 2{,}25 > 4{,}25$ falsch

4. a) Wenn man die Zahl quadriert, erhält man dasselbe, wie wenn man vom Vierfachen der Zahl 4 subtrahiert.
Lösung: z = 2

b) Die dritte Potenz der Zahl ist größer als das Vierfache der Zahl.
Lösungen: $z < -2$ oder $z > 2$

c) Subtrahiert man das Sechsfache der Zahl von dem Quadrat der Zahl, so erhält man 7.
Lösungen: y = −1 oder y = 7

d) Vermindert man das Dreifache der Zahl um 5, so erhält man dasselbe, wie wenn man zum Zweifachen der Zahl noch 2 addiert.
Lösung: x = 7

5. 1. Lösung x = 1,5 $\quad$ 2. Lösung x = 4,75

102

6. Druckfehler in der 1. Auflage in b): 11 x statt 10 x
   a) $\left\{\frac{7}{2};\ \frac{1}{2}\right\}$
   b) L = {−1; 1,875}
   c) Alle Zahlen mit x < −2.
   d) $0 \le x \le 6$ {0; 1; 2; 3; 4; 5; 6}

7. a) {10} c) {2} e) {3; −3} g) {6; −6}
   b) {−6} d) {4} f) {−2} h) {2,6}

8. Zum Beispiel:
   a) x − 8 = 0 c) x : 2 = 5 e) x + 5 = 5
   b) $\frac{x}{-5} = 1$ d) x : 4 = −3 f) x · 2 = 2,4

2.6 Lösen von Gleichungen durch Umformen

2.6.1 Umformungsregeln für Gleichungen und ihre Anwendung

105

1. Die Lösungsmengen sind unterschiedlich. Die Multiplikation mit 0 auf beiden Seiten der Gleichung ist *keine* Äquivalenzumformung.

2. a) Man kann zunächst auf beiden Seiten der Waage einen Gewichtsstein wegnehmen. Die Waage bleibt im Gleichgewicht. Nimmt man links die Hälfte der Ziegelsteine weg, so muss man rechts auch die Hälfte der verbliebenen 4 Gewichtsteine wegnehmen. Die Waage bleibt im Gleichgewicht. Ein Ziegelstein ist so schwer wie 2 Gewichtssteine.
   b) 2z + 1 = 5 | −1
   2z = 4 | : 2
   z = 2
   L = {2}

3. a) L = {2} c) L = {−3} e) L = {−3} g) L = {2}
   b) $L = \left\{\frac{1}{3}\right\}$ d) L = {1} f) L = {0} h) L = {−1}

4. a) − 12; x = 26 d) : 15; x = 4 g) · 7; x = 35
   b) − 11; x = −8 e) : 1,2; x = −9 h) : (−5); x = 4
   c) + 3,6; x = 3,6 f) · (−3); x = −27 i) : (−1); x = −5

5. a) Additionsregel e) x = −20, Multiplikations- bzw. Divisionsregel
   b) Subtraktionsregel f) x = −16, Multiplikations- bzw. Divisionsregel
   c) Multiplikationsregel g) x = −1,5, Additionsregel
   d) Divisionsregel h) x = −25, Multiplikations- bzw. Divisionsregel

106 **6.** (1) Malte hat auf der linken Seite durch 4 dividiert und auf der rechten Seite 4 subtrahiert.

Richtig: $4x = 18 \quad | :4$

$x = 4{,}5$

(2) Malte hat zunächst durch 3 dividiert und die 6 vergessen.

Richtig: $3x + 6 = 21 \quad | -6$

$3x = 15 \quad | :3$

$x = 5$

7. Alle Gleichungen werden mithilfe von Äquivalenzumformungen umgeformt. Die Lösungsmengen sind immer gleich.

8. $3x = 7$ und $3x + 2 = 9$ und $6x + 4 = 18$ und $6x = 14$
$3x + 2 = 7$ und $3x + 7 = 12$

9. **a)** $x = 3$ **b)** $y = 5$ **c)** $x = -2$ **d)** $z = -4$

10. **a)** $L = \{3\}$ **b)** $L = \{7\}$ **c)** $L = \{4\}$ **d)** $L = \{-5\}$ **e)** $L = \{0\}$ **f)** $L = \{-5\}$

11. **a)** $5x - 17 = 43$; $L = \{12\}$ **b)** $3x + 5 = 2x$; $L = \{-5\}$ **c)** $37 - 3x = 19$; $L = \{6\}$

12. -

13. Beide Wege sind Äquivalenzumformungen.

14. **a)** $L = \{8\}$ **b)** $L = \{9\}$ **c)** $L = \{-10\}$ **d)** $L = \{1\}$ **e)** $L = \left\{\frac{1}{2}\right\}$ **f)** $L = \{0{,}08\}$ **g)** $L = \left\{-\frac{1}{4}\right\}$ **h)** $L = \left\{\frac{1}{2}\right\}$ **i)** $L = \{1{,}1\}$ **j)** $L = \{-6\}$ **k)** $L = \{2\}$ **l)** $L = \{-10\}$

107 **15.** $2x + 4 = 6 \quad | -2$

$2x + 2 = 4$

$x = 1$

$8 - 6x = 20 \quad | -8$

$-6x = 12$

$x = -2$

$4 - 3x = 12 - x \quad | -x$

$4 - 4x = 12 - 2x$

$x = -4$

$6x + 12 = 3x \quad | :3$

$2x + 4 = x$

$x = -4$

16. Davids Weg ist am günstigsten, weil er nur eine Multiplikation durchführen muss. Lösung: $x = \frac{2}{3}$

17. **a)** $L = \{-2\}$ **b)** $L = \{14\}$ **c)** $L = \{21\}$ **d)** $L = \{1\}$ **e)** $L = \left\{-\frac{1}{2}\right\}$ **f)** $L = \left\{\frac{9}{10}\right\}$ **g)** $L = \left\{\frac{1}{3}\right\}$ **h)** $L = \{4\}$ **i)** $L = \left\{\frac{9}{8}\right\}$ **j)** $L = \left\{-\frac{1}{10}\right\}$ **k)** $L = \left\{\frac{3}{8}\right\}$ **l)** $L = \left\{-\frac{9}{4}\right\}$

107 **18.** **a)** L = {−1} **d)** L = $\left\{\frac{1}{3}\right\}$ **g)** L = {3} **j)** L = {−13} **m)** L = {3}

b) L = {~~12~~}8 **e)** L = {3} **h)** L = {22} **k)** L = {3,75} **n)** L = {−2}

c) L = {20} **f)** L = {−1} **i)** L = {1} **l)** L = {4} **o)** L = {−11}

19. **a)** Subtrahiert man 4 vom Doppelten der Zahl, so erhält man −2. L = {1}
b) Addiert man 5 zum Dreifachen der Zahl, so erhält man −4. L = {−3}
c) Subtrahiert man das Doppelte der Zahl von 11, so erhält man 5. L = {3}
d) Subtrahiert man das Vierfache der Zahl von 3, so erhält man 1. L = $\left\{\frac{1}{2}\right\}$

20. **a)** Jede Subtraktion kann durch die Addition der Gegenzahl ersetzt werden.
b) Jede Multiplikation kann durch die Division durch den Kehrwert der Zahl ersetzt werden.

21. -

2.6.2 Lösen von Gleichungen, in denen die Variable mehrfach vorkommt

109 **2.** **a)** Siehe Strategie in der Information (1) auf Seite 109 des Schülerbandes.
b) L = {2}
c) L = $\left\{\frac{1}{2}\right\}$

3. **a)** Man nimmt auf beiden Seiten eine Glaskugel weg. Die Waage bleibt im Gleichgewicht. Nun nimmt man auf beiden Seiten einen Gewichtsstein weg. Die Waage bleibt im Gleichgewicht; links zwei Glaskugeln; rechts vier Gewichtssteine. Halbiert man links die Anzahl der Glaskugeln, so muss man auch rechts die Anzahl der Gewichtssteine halbieren. Die Waage bleibt im Gleichgewicht. Eine Glaskugel ist so schwer wie zwei Gewichtssteine.
b)
$$\begin{aligned} 3x + 1 &= x + 5 && \mid -x \\ 2x + 1 &= 5 && \mid -1 \\ 2x &= 4 && \mid :2 \\ x &= 2 \\ L &= \{2\} \end{aligned}$$

4. Hier nur die Lösung.

a) L = {8} **e)** L = {−41} **i)** L = {−2}
b) L = {4} **f)** L = {−8} **j)** L = {0,0125}
c) L = {7} **g)** L = {−3} **k)** L = {0,09}
d) L = {−12} **h)** L = {7} **l)** L = $\left\{\frac{2}{7}\right\}$

5. Die Wege von David und Eleonora sind identisch, nur die Schreibweisen sind unterschiedlich. Fabians Weg hat einen Schritt weniger durch einen geschickten Anfang.

110 **6.** **a)** $L = \{2\}$ **d)** $L = \{7\}$ **g)** $L = \{-9\}$
b) $L = \{4\}$ **e)** $L = \{-2\}$ **h)** $L = \{-13\}$
c) $L = \left\{\frac{1}{2}\right\}$ **f)** $L = \{-5\}$ **i)** $L = \{-12\}$ 0

7. **a)** $L = \{8\}$ **c)** $L = \{9\}$ **e)** $L = \{7\}$ **g)** $L = \{-6\}$
b) $L = \{-9\}$ **d)** $L = \{10\}$ **f)** $L = \{1\}$ **h)** $L = \{0\}$

8. Richtig ist:

$$\begin{aligned} 3x + 2x - x &= 7x + 14 \\ 4x &= 7x + 14 \quad | -7x \\ -3x &= 14 \quad | : (-3x) \\ x &= -\tfrac{14}{3} \end{aligned}$$

bzw.

$$\begin{aligned} 4 - 2x &= 8 + x \quad | -x \\ 4 - 3x &= 8 \quad | -x \\ -3x &= 4 \quad | : (-3) \\ x &= -\tfrac{4}{3} \end{aligned}$$

9. Es ist sinnvoll, die Terme zunächst zusammenzufassen, bevor man Additions- und Subtraktionsregeln anwendet.

10. **a)** $L = \left\{\frac{1}{2}\right\}$ **c)** $L = \{20\}$ **e)** $L = \{-30\}$
b) $L = \{6\}$ **d)** $L = \{10\}$ **f)** $L = \{-0{,}2\}$

11. -

12. **a)** $x = 9$ $[x = -1; x = -10]$
b) $x = 3$ $[x = -4; x = 1]$

111 **13.** **a)** $x + 11 = 3x$; $L = \{5{,}5\}$ **c)** $7x - 12 = 2x + 8$; $L = \{4\}$
b) $25 - x = 4x$; $L = \{5\}$

14. Hier nur die Lösung.
a) $L = \{7\}$ **b)** $L = \{20\}$ **c)** $L = \{11\}$ **d)** $L = \{9\}$

15. **a)** $7x - 3 = \frac{x}{2} + \frac{1}{4}$; $L = \{0{,}5\}$ **b)** -

16. **a)** Die Mauer kann man durch Rückwärtsrechnen lösen.

| 18 − 3 = 15 | 3 | 5 − 3 = 2 |
| 23 − 5 = 18 | 5 |
| 23 |

also

| 15 | 3 | 2 |
| 18 | 5 |
| 23 |

111 **16. b)** Bezeichnet man die mittlere Zahl in der oberen Mauer mit x, so erhält man:

5	x	7
5 + x	x + 7	
38		

Daraus erhält man die Gleichung:

$(5 + x) + (x + 7) = 38$

$2x = 26$

$x = 13$

Man erhält also folgende ausgefüllte Mauer:

5	13	7
18	20	
38		

c) In dem rechten oberen Stein steht die Differenz $11 - 7 = 4$. Bezeichnet man den 2. Stein in der oberen Reihe mit x, so erhält man:

6	x	7	4
6 + x	x + 7	11	
2x + 13	x + 18		
37			

Daraus erhält man die Gleichung:

$2x + 13 + x + 18 = 37$

$3x + 31 = 37$

$3x = 6$

$x = 2$

Man erhält also folgende ausgefüllte Mauer:

6	2	7	4
8	9	11	
17	20		
37			

d) Bezeichnet man die dritte Zahl in der oberen Mauer mit x, so erhält man für einen Teil der Mauer:

3	8	x	5
11	8 + x		
26			

Daraus erhält man die Gleichung:

$11 + (8 + x) = 26$

$x = 7$

Man erhält also folgende ausgefüllte Mauer:

3	8	7	5
11	15	12	
26	27		
53			

111 **16.** **e)** Die Zahlen in dem mittleren Stein in der 3. Reihe und dem rechten Stein in der 4. Reihe erhält man durch Vorwärtsrechnen; die Zahlen in den linken Steinen der 4., 3. und 2. Reihe und die rechte Zahl in der 2. Reihe erhält man durch Rückwärtsrechnen. Bezeichnet man die erste Zahl in der 1. Reihe mit x, so erhält man folgende Mauer:

x	4 – x	6 + x	4 – x	x – 4
4	10	10	0	
6	20	10		
26	30			
56				

Für x kann man jede beliebige Zahl einsetzen.

f) Bezeichnet man die Zahl im mittleren Stein der ersten Reihe mit x, so erhält man:

7	1	x	2	4
8	1 + x	x + 2	6	
9 + x	2x + 3	x + 8		
3x + 12	3x + 11			
35				

Man erhält daraus folgende Gleichung:

$$(3x + 12) + (3x + 11) = 35$$
$$6x + 23 = 35$$
$$6x = 12$$
$$x = 2$$

Man erhält also folgende ausgefüllte Mauer:

7	1	2	2	4
8	3	4	6	
11	7	10		
18	17			
35				

17. -

2.6.3 Sonderfälle bei der Lösungsmenge

112 **1.** **a)** Der 2. Weg ist falsch. Die Variable x könnte den Wert 0 annehmen. In diesem Fall ist die Division nicht möglich. Die Gleichungen haben verschiedene Lösungsmengen.

b) 0 ist keine Lösung für (1); 3 ist keine Lösung für (2).
Die Umformungen sind keine Äquivalenzumformungen, weil sich die Lösungsmenge ändert. Der Term ist für x = 0 null; der Term (x – 3) wird für x = 3 null.

113 **2.** Anna: $2x + 6 + 3x - 2 = 9 + 5x - 3$; $L = \{\ \}$
Lukas: $2x + 7 - 3x - 8 = 4 - x - 5$; $L = \mathbb{Q}$

113

3. **a)** L = $\mathbb{Q}$ **c)** L = { } **e)** L = $\mathbb{Q}$ **g)** L = {0} **i)** L = $\mathbb{Q}$
b) L = { } **d)** L = { } **f)** L = $\mathbb{Q}$ **h)** L = { }

4. **a)** L = {0} **c)** L = { } **e)** L = $\mathbb{Q}$
b) L = { } **d)** L = $\mathbb{Q}$ **f)** L = { }

5. **a)** true bedeutet Gleichung für alle x wahr (L = $\mathbb{Q}$)
false bedeutet Gleichung für kein x wahr (L = { })
b) Es gibt die Lösungen mit „or“ (d. h. oder) aus.

6. 2x = x – 3; L = {–3}
für 0: 0 = 0; L = $\mathbb{Q}$; nicht äquivalent
für 5x: $10x^2 = 5x^2 - 15x$; L = {0; –3}; nicht äquivalent
für x –3: $2x^2 - 6x = x^2 - 6x + 9$; L = {3; –3}; nicht äquivalent
für $x^2 + 12$: $2x^3 + 24x = x^3 + 12x - 3x^2 - 36$; L = {–3}; äquivalent

7. Tom: falsch; richtig: L = {0}
Uta: falsch; richtig: L = {0}
Victor: falsch; richtig: 3 – 4x + 2 = x – 5x
5 – 4x = –4x
5 = 0
L = { }

8. -

2.7 Modellieren – Anwenden von Gleichungen

115

1. x: Anzahl der Fische
einschränkende Bedingung: x ist eine natürliche Zahl
Gleichung: $\frac{1}{5}x + \frac{2}{3}x + 1 = x$ *Lösung:* $x = \frac{15}{2}$

$\frac{15}{2}$ ist keine natürliche Zahl; die Lösungsmenge ist L = { }.

2. *Gleichung:*
2x + 2x + 2x + 2x + x = 75
9x = 75
$x = 8\frac{1}{3} \approx 8{,}33$

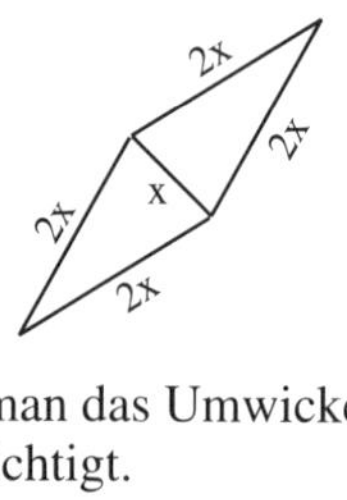

Das Spielfeld wird so eingegrenzt, dass die „Basis“ 8,30 m und die „Schenkel“ 16,60 m lang sind. Gegebenfalls auch nur 8 m und 16 m, wenn man das Umwickelte der Pfosten und das Durchhängen noch stärker berücksichtigt.

115

3. x: Anzahl der Schüler(innen)
Gleichung: $\frac{1}{2}x + \frac{1}{3}x + \frac{1}{8}x + 1 = x$ *Lösung:* x = 24
Antwort: In der Klasse sind 24 Schüler(innen), davon 12 Mädchen. Von den 12 Jungen fahren 8 mit dem Fahrrad, 3 kommen zu Fuß zur Schule.

4. x: Länge der mittleren Seite (in cm)
Gleichung: $x + (x - 2) + (x + 1) = 20$ *Lösung:* x = 7
Antwort: Die mittlere Seite ist 7 cm, die kürzeste 5 cm und die längste 8 cm lang.

116

5. x: Länge der am 1. Tag zurückgelegten Strecke (in km)
Gleichung: $x + (x + 26) = 344$ *Lösung:* x = 159
Antwort: Am ersten Tag fuhr er 159 km, am zweiten Tag 185 km.

6. x: Betrag für Norman (in €)
Gleichung: $x + 2x = 2\,600 - 200$ *Lösung:* x = 800
Antwort: Norman erhält 800 €, Marie 1 600 €.

7. a) Länge der mittleren Kante (in cm): x
Länge der kürzeren Kante (in cm): $\frac{1}{2}x$
Länge der längeren Kante (in cm): 2x
Gleichung: $4 \cdot x + 4 \cdot \frac{1}{2}x + 4 \cdot 2x = 150$

$$4x + 2x + 8x = 150$$
$$14x = 150$$
$$x = 10\tfrac{5}{7} \approx 10{,}71$$

Die kürzere Kante ist ungefähr 5,35 cm, die mittlere Kante 10,7 cm und die längere 21,4 cm lang.

b) -

8. a) *Gleichung:* $2x + 2 \cdot (x - 10) = 100$

$$2x + 2x - 20 = 100$$
$$4x = 120$$
$$x = 30$$

Die Seiten sind 30 m und 20 m lang.

b) *Gleichung:* $4x - 20 = 90$

$$4x = 110$$
$$x = 27{,}5$$

Die Seiten sind 27,5 m und 17,5 m lang.

9. x: Alter des Sohnes (in Jahren)
Gleichung: $x + (x + 26) = 40$ *Lösung:* x = 7
Antwort: Der Sohn ist 7 Jahre, der Vater 33 Jahre alt.

10. x: Alter von Andreas (in Jahren)
Gleichung: $(x + 4) + x + 2x = 44$ *Lösung:* x = 10
Antwort: Andreas ist 10 Jahre, Bert 14 Jahre und Christian 20 Jahre alt.

116

11. **a)** x: Anzahl der Tage

Gleichung: $30 + x = 2{,}5 \cdot x$ *Lösung:* $x = 20$

Antwort: Nach 20 Tagen haben beide je 50 € in der Spardose.

b) -

12. Ohne „Füße" erhält man die Gleichung:

$27x = 1{,}50$, also $x = \frac{1}{18} = 0{,}0\overline{5}$

Die Seite eines kleinen Dreiecks ist also ungefähr 5 cm lang. Eine Seite des Topfuntersetzers ist dann ungefähr 20 cm lang.

117

13. (1) Alter von Christian (in Jahren): x

Gleichung: $(x + 22 + 2) + (x + 22) + x = 88$

$$3x + 46 = 88$$
$$3x = 42$$
$$x = 14$$

Christian ist 14 Jahre alt, sein Vater 38 Jahre und seine Mutter 36 Jahre.

(2) Länge der mittleren Seite (in mm): x

$$x + (x - 22) + (x + 2) = 88$$
$$3x - 20 = 88$$
$$3x = 108$$
$$x = 36$$

Die mittlere Seite ist 36 mm lang, die kürzeste 14 mm und die längste 38 mm.

(3) Preis des Krimis (in €): x

$$x + (x - 22) + (x + 2) = 88$$
$$x = 36$$

Der Krimi kostet 36 €, der Sprachführer 14 € und die Biografie 38 €.

14. *Beispiele:*

a) Durch eine Umleitung war der Rückweg 30 km länger als der Hinweg. Zusammen waren es 400 km.

b) Eine Kerze ist 20 cm lang. In einer Stunde brennen 0,5 cm weg. Wann ist die Kerze abgebrannt?

c) Patrick ist doppelt so alt wie seine Schwester Marie. Sein Bruder Felix ist 3 Jahre jünger als er.

15. Man geht davon aus, dass beide in eine Richtung laufen.

Anzahl der Sprünge: x

Gleichung: $9x - 7x = 150$

$$2x = 150$$
$$x = 75$$

Nach 75 Sprüngen hat der Hund den Hasen eingeholt. Der Hund hat dann 675 Fuß und der Hase 525 Fuß zurück gelegt.

117

16. x: Höhe des gesamten Turms (in Schuh)
Gleichung: $\frac{1}{4}x + \frac{1}{5}x + 100 = x$ *Lösung:* $x = 181\frac{9}{11}$
Antwort: Der Turm ist insgesamt $181\frac{9}{11}$ Schuh hoch, davon $45\frac{5}{11}$ Schuh im Erdreich und $36\frac{4}{11}$ Schuh im Wasser.

17. x: Alter des Vaters (in Jahren)
Gleichung: $x + x + \frac{1}{2}x + \frac{1}{2}x + 1 = 100$ *Lösung:* $x = 36$
Antwort: Der Vater ist 36 Jahre alt.

18. **a)** x: Anzahl der Schüler
Gleichung: $\frac{1}{2}x + \frac{1}{4}x + \frac{1}{7}x + 3 = x$ *Lösung:* $x = 28$
Antwort: Er hatte 28 Schüler.
b) x: Gewicht des leichtesten Trinkgefäßes (in Quintlein)
Gleichung: $x + (x + 1) + (x + 2) + (x + 3) + (x + 4) + (x + 5) = 600$, also $6x + 15 = 600$ *Lösung:* $x = 97{,}5$
Antwort: Die Trinkgefäße wogen 97,5 Quintlein, 98,5 Quintlein, 99,5 Quintlein, 100,5 Quintlein, 101,5 Quintlein und 102,5 Quintlein.

19. x: Betrag (in Reichstalern) für den jüngsten Sohn
Gleichung: $x + (x + 100) + (x + 100 + 200) = 1\,600$, also $3x + 400 = 1\,600$
Lösung: $x = 400$
Antwort: Der älteste Sohn bekommt 700, der mittlere Sohn 500 und der jüngste Sohn 400 Reichstaler.

Auf den Punkt gebracht: Umgang mit Texten, Tabellen und Diagrammen

118

1. **a)** Die Anpassung ist richtig: ab 2 km bis 6 € werden $\frac{0{,}30\ €}{28{,}76\ m}$ gezahlt.
Die Angaben unter (4) betreffen diese Aufgabe nicht.

b)

	1 km	2,1 km	2,5 km	4 km	10 km
Preis nach Bestellung	4,03 €	5,71 €	6,33 €	8,62 €	16,27 €
Preis nach Heranwinken	3,00 €	4,04 €	6,33 €	8,62 €	16,27 €

c) Eine Bestellfahrt für 10,60 € ist 5,29 km lang (gerundet).
Eine Bestellfahrt für 16,80 € ist 10,52 km lang (gerundet), im Tarif über 7 km werden dabei für 3,59 € 3,52 km zurückgelegt.

118 **1. d)** Änderung für Aufgabenteil b):

	1 km	2,1 km	2,5 km	4 km	10 km
Preis nach Bestellung	4,53 €	6,21 €	6,83 €	9,12 €	16,26 €
Preis nach Heranwinken	3,00 €	4,04 €	6,33 €	8,62 €	15,76 €

Änderung für Aufgabenteil c):
Die Bestellfahrt für 10,60 € ist 4,97 km lang (gerundet), die Bestellfahrt für 16,80 € ist 10,53 km lang (gerundet).

119 **2.**

Entfernung (in km)	1	2	3	4	5	6
Preis nach Bestellung (in €)	4,03	5,56	7,09	8,62	10,15	11,68
Preis nach Heranwinken (in €)	3,00	3,00	7,09	8,62	10,15	11,68

Entfernung (in km)	7	8	9	10	20
Preis nach Bestellung (in €)	13,21	14,23	15,25	16,27	26,47
Preis nach Heranwinken (in €)	13,21	14,23	15,25	16,27	26,47

3. -

4. a)

	Gesamtpreis	Mehrkosten
Barzahlung	1 298 €	0 €
halbes Jahr Laufzeit	1 365 €	67 €
1 Jahr Laufzeit	1 410 €	112 €
1,5 Jahre Laufzeit	1 467 €	169 €
2 Jahre Laufzeit	1 536,83 €	238,83 €

b) Die Unterschiede sehen in der Zeitung größer aus, weil die y-Achse nicht bei 0 € beginnt.

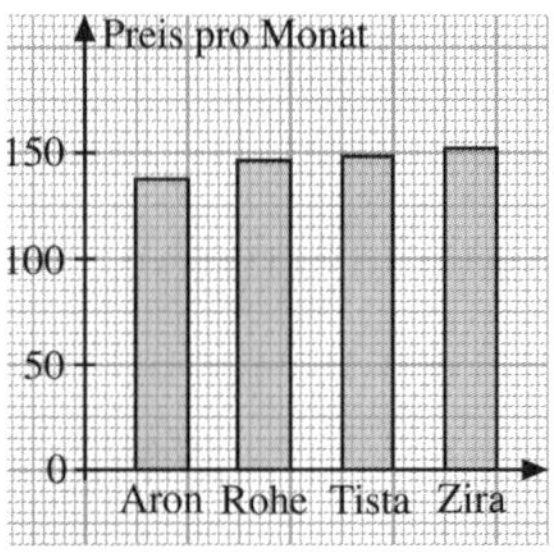

2.8 Lösen von Ungleichungen durch Umformen

122 **2. a)** - **b)** (1) $L = \left\{x \in \mathbb{Q} \,\middle|\, x > \frac{24}{8}\right\}$ (2) $L = \{x \in \mathbb{Q} \mid -5 > x\}$

3. a) $L = \mathbb{Q}$ **b)** $L = \{\ \}$

4. a) $5x + 1\,195 < 1\,530 \quad | -1\,195$
$5x < 335 \quad | :5$
$x < 67$

b) $L = \{x \in \mathbb{Q} \mid x < 2\}$

5. a) $x - 9{,}5 > 1{,}2 \quad | +9{,}5$
$x > 10{,}7$

b) $50x > -10 \quad | :50$
$x > -\frac{1}{5}$

c) $0{,}3x < 0 \quad | :0{,}3$
$x < 0$

d) $\frac{2}{3}x < -1 \quad \left| \cdot \frac{3}{2}\right.$
$x < -\frac{3}{2}$

123 **6.** a, b, c, d

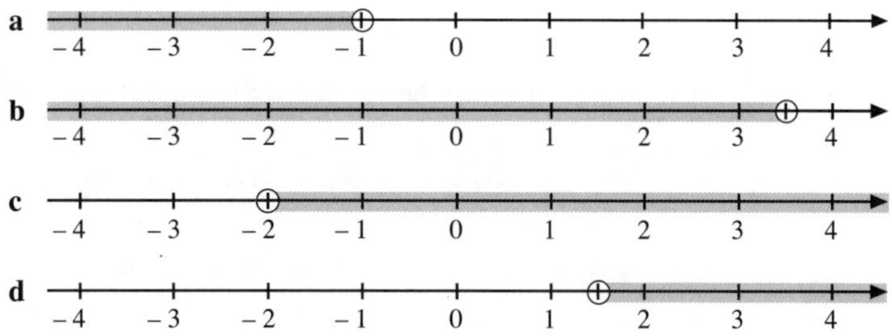

7. a) $\{x \in \mathbb{Q} \mid x < 4\}$ **c)** $\{x \in \mathbb{Q} \mid x < -3\}$
b) $\{x \in \mathbb{Q} \mid x > 1\}$ **d)** $\{x \in \mathbb{Q} \mid x > -7\}$

8. a) $\{x \in \mathbb{Q} \mid x < 5\}$ **d)** $\{x \in \mathbb{Q} \mid x > 0{,}4\}$ **g)** $\{x \in \mathbb{Q} \mid x > -3\}$
b) $\{r \in \mathbb{Q} \mid r > 1\}$ **e)** $\{x \in \mathbb{Q} \mid x < 5\}$ **h)** $\{x \in \mathbb{Q} \mid x > -1\}$
c) $\{x \in \mathbb{Q} \mid x < 7\}$ **f)** $\{x \in \mathbb{Q} \mid x > -58\}$

9. a) $\{x \in \mathbb{Q} \mid x > -7\}$ **d)** $\{x \in \mathbb{Q} \mid x > -8{,}5\}$ **g)** $\{x \in \mathbb{Q} \mid x < 0\}$
b) $\{x \in \mathbb{Q} \mid x < -1\}$ **e)** $\{x \in \mathbb{Q} \mid x < -0{,}3\}$ **h)** $\{x \in \mathbb{Q} \mid x < 8\}$
c) $\{x \in \mathbb{Q} \mid x < 18\}$ **f)** $\{x \in \mathbb{Q} \mid x > 3\}$

10. a) $\{x \in \mathbb{Q} \mid x < 4\}$ **d)** $\left\{x \in \mathbb{Q} \,\middle|\, x > \frac{1}{2}\right\}$ **g)** $\left\{x \in \mathbb{Q} \,\middle|\, x > \frac{1}{100}\right\}$
b) $\{x \in \mathbb{Q} \mid x > 7\}$ **e)** $\{x \in \mathbb{Q} \mid x > -45\}$ **h)** $\left\{x \in \mathbb{Q} \,\middle|\, x < \frac{6}{95}\right\}$
c) $\left\{x \in \mathbb{Q} \,\middle|\, x > -\frac{1}{8}\right\}$ **f)** $\left\{x \in \mathbb{Q} \,\middle|\, x < -\frac{3}{5}\right\}$

123 **11.** **a)** $30 - x > 12$, $L = \{x \in \mathbb{Q} \mid x < 18\}$
b) $12 + x < 3$, $L = \{x \in \mathbb{Q} \mid x < -9\}$
c) $\frac{x}{3} < -10$, $L = \{x \in \mathbb{Q} \mid x < -30\}$
d) $3x - 18 < 0$, $L = \{x \in \mathbb{Q} \mid x < 6\}$

12. x: Länge der kurzen Seite (in cm)
Ungleichung: $2x + 2(x + 2) > 20$ *Lösungsmenge:* $L = \{x \in \mathbb{Q} \mid x > 4\}$
Antwort: Die kürzere Seite ist länger als 4 cm.

13. **a)** wahr **c)** wahr **e)** falsch
b) falsch **d)** wahr **f)** falsch

14. Hier nur die Lösungsmenge.
a) $L = \{x \in \mathbb{Q} \mid x \geq 1\}$ **c)** $L = \{x \in \mathbb{Q} \mid x \geq -7\}$
b) $L = \{x \in \mathbb{Q} \mid x \leq 4\}$ **d)** $L = \{x \in \mathbb{Q} \mid x \leq 0\}$

15. **a**
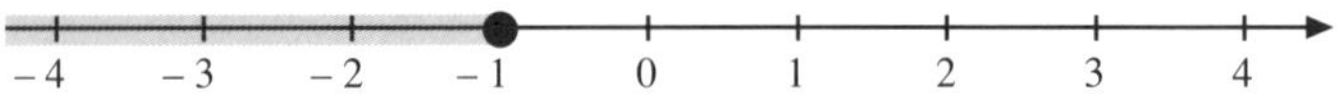

b
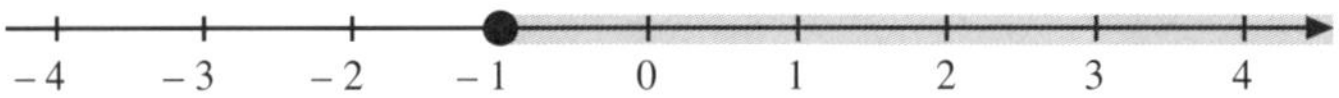

c
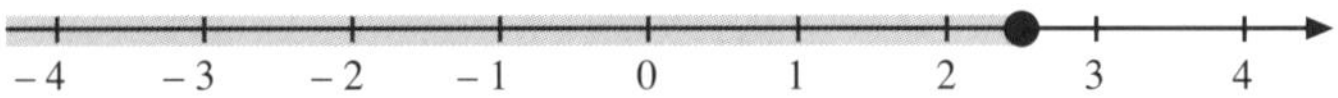

d
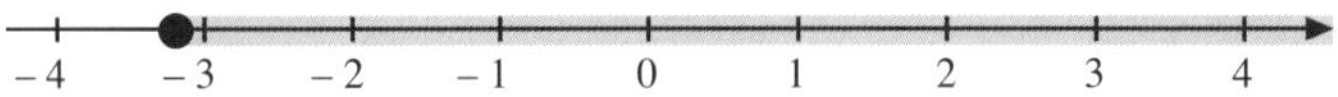

124 **16.** **a)** $\{x \in \mathbb{Q} \mid x \leq 5\}$ **e)** $\{z \in \mathbb{Q} \mid z \leq 4\}$ **i)** $\{y \in \mathbb{Q} \mid y \geq -6\}$
b) $\{a \in \mathbb{Q} \mid a \geq 7\}$ **f)** $\{r \in \mathbb{Q} \mid r \leq 2{,}5\}$ **j)** $\{a \in \mathbb{Q} \mid a \geq -1\}$
c) $\{r \in \mathbb{Q} \mid r \geq 1\}$ **g)** $\{x \in \mathbb{Q} \mid x \geq -4\}$ **k)** $\{z \in \mathbb{Q} \mid -1 \leq z\}$
d) $\{a \in \mathbb{Q} \mid a \geq -1{,}2\}$ **h)** $\{a \in \mathbb{Q} \mid a \leq 15\}$ **l)** $\{u \in \mathbb{Q} \mid -2 \geq u\}$

17. **a)** $\{x \in \mathbb{Q} \mid x > -5\}$ **e)** $\{y \in \mathbb{Q} \mid y > 2\}$
b) $\{x \in \mathbb{Q} \mid x \leq -3{,}6\}$ **f)** $\{a \in \mathbb{Q} \mid a \geq -58\}$
c) $\{x \in \mathbb{Q} \mid x > 7\}$ **g)** $\{x \in \mathbb{Q} \mid x > -0{,}8\}$
d) $\{x \in \mathbb{Q} \mid x \leq 6{,}5\}$ **h)** $\{x \in \mathbb{Q} \mid x < 0\}$

18. **a)** $\{x \in \mathbb{Q} \mid x > -11\}$ **c)** $\left\{r \in \mathbb{Q} \;\middle|\; r > \frac{1279}{260}\right\}$ **e)** $\left\{a \in \mathbb{Q} \;\middle|\; a < \frac{5}{11}\right\}$
b) $\{z \in \mathbb{Q} \mid z \geq -3\}$ **d)** $\{x \in \mathbb{Q} \mid x \geq -64\}$ **f)** $\{g \in \mathbb{Q} \mid g \geq 1\}$

19. (1) $L = \mathbb{Q}$ (2) $L = \{\ \}$ (3) $L = \{x \in \mathbb{Q} \mid x \geq 0\}$ (4) $L = \mathbb{Q}$ (5) $L = \mathbb{Q}$

124

20. **a)** $L = \mathbb{Q}$ **b)** $L = \mathbb{Q}$ **c)** $L = \mathbb{Q}$
$L = \{\ \}$ $L = \{\ \}$ $L = \{\ \}$

Wenn bei einer Ungleichung mit dem Zeichen ≤ die Lösungsmenge $\mathbb{Q}$ ist, dann ist bei dieser Ungleichung mit dem Zeichen > die Lösungsmenge die leere Menge. Entsprechend für ≥ und <, für < und ≥, für > und ≤.

21. -

22. **a)** $L = \{\ \}$ **b)** $L = \mathbb{Q}$ **c)** $L = \mathbb{Q}$ **d)** $L = \mathbb{Q}$ **e)** $L = \mathbb{Q}$ **f)** $L = \{\ \}$

23. **a)** $40 - x \geq 50$, $L = \{x \in \mathbb{Q} \mid x \leq -10\}$

b) $7{,}2 - \frac{x}{2} \leq 3{,}2$, $L = \{x \in \mathbb{Q} \mid x \geq 8\}$

c) $-x + 5 > 6 - x$, $L = \{\ \}$

24. **a)** Wenn man zu einer der Zahlen 12 addiert, erhält man mehr als 20.
$\{x \in \mathbb{Q} \mid x > 8\}$

b) Wenn man von einer der Zahlen 5 subtrahiert, erhält man höchstens 8.
$\{x \in \mathbb{Q} \mid x \leq 13\}$

c) Wenn man eine der Zahlen von 10 subtrahiert, erhält man mindestens 1.
$\{x \in \mathbb{Q} \mid x \leq 9\}$

d) Das Doppelte einer der Zahlen ist kleiner als 50. $\{x \in \mathbb{Q} \mid x < 25\}$

e) Wenn man eine der Zahlen durch 5 dividiert, erhält man mehr als –2.
$\{x \in \mathbb{Q} \mid x > -10\}$

25. x: Höhe des Quaders (in cm)
Gleichung: $15 \cdot 15 \cdot x \leq 1\,800$ *Lösungsmenge:* $L = \{x \in \mathbb{Q} \mid x \leq 8\}$
Antwort: Die Höhe darf höchstens 8 cm betragen.

26. x: Länge der längeren Seite (in cm)
Gleichung: $2x + 2x - 4 \geq 20$ *Lösung:* $x > 6$
Antwort: Das Rechteck ist mindestens 6 cm lang.

2.9 Aufgaben zur Vertiefung

125

1. a)

n	n^2+n+11
0	11
1	13
2	17
3	23
4	29
5	41
6	53
7	67
8	83
9	101
10	$121=11^2$

121 ist keine Primzahl.

b) Für 11 erhält man

$11^2+11+11=13\cdot 11=143$.

Das Produkt 13 · 11 ist dann durch 11 und durch 13 teilbar, also keine Primzahl.

c)

n	n^2+n+17	
0	17 Primzahl	
1	19 Primzahl	
2	23 Primzahl	
3	29 Primzahl	
4	37 Primzahl	
5	47 Primzahl	
6	59 Primzahl	
7	73 Primzahl	
8	89 Primzahl	
9	107 Primzahl	
10	127 Primzahl	
11	149 Primzahl	
12	173 Primzahl	
13	199 Primzahl	
14	227 Primzahl	
15	257 Primzahl	
16	289 keine Primzahl	289 = 17 · 17
17	323 keine Primzahl	323 = 19 · 17

2. $5x\cdot 5x=25x^2$ und $100x:4=25x$ Die Aussage ist nicht korrekt.

3. a) 3 ist Teiler des Produkts 3 · (n + 1).

b) n + (n + 1) + (n + 2) + (n + 3) + (n + 4) = 5n + 10 = 5 · (n + 2)

c) n + (n + 1) + (n + 2) + (n + 3) = 4n + 6
Die Summe ist nicht durch 4 teilbar.

d) -

125

4. a)

n	2n
0	0
1	2
2	4
3	6
4	8
⋮	⋮

Man erhält die geraden Zahlen.

b) (1) $2n + 1$ (2) n^2 (3) $7n$ (4) 7^n

5. x: Alter vom Diophant, als er gestorben ist (in Jahren)

1. Auslegung: Der Sohn wurde halb so alt wie der Vater.

Gleichung: $2 \cdot \left(\frac{1}{6}x + \frac{1}{12}x + \frac{1}{7}x + 5\right) + 4 = x$ *Lösung:* $x = 65\frac{1}{3}$

Antwort: Diophant wurde 65 Jahre und 4 Monate alt, sein Sohn 32 Jahre und 8 Monate.

2. Auslegung: Der Sohn starb, als er genau halb so alt wie der Vater war.

Gleichung: $\frac{1}{6}x + \frac{1}{12}x + \frac{1}{2}x + 5 + \frac{1}{2} \cdot \left(\frac{1}{6}x + \frac{1}{12}x + 5\right) + 4 = x$ *Lösung:* $x = 28$

Antwort: Diophant wurde 28 Jahre alt, sein Sohn $\frac{1}{2} \cdot$ (28 Jahre – 4 Jahre) = 12 Jahre.

6. Der Term lautet $3n + 1$. Die 411. Figur besteht aus 1 234 Punkten.

Bleib fit im …
Umgang mit Flächen- und Volumenberechnungen

127

1. (1) $A = 4\ \text{cm}^2$ (2) $A = 7\ \text{cm}^2$

2. Quader links: $O = 258\ \text{cm}^2$ $V = 270\ \text{cm}^3$
Würfel rechts: $O = 216\ \text{cm}^2$ $V = 216\ \text{cm}^3$
Für den linken Quader braucht man mehr Pappe und auch das Volumen ist größer.

3. a) 1 cm sind 10 mm.
Damit ergibt sich: $1\ \text{cm}^2 = 10\ \text{mm} \cdot 10\ \text{mm} = 100\ \text{mm}^2$.
Also ist $1\ \text{cm}^2 = 100\ \text{mm}^2$.

b) 1 cm sind 10 mm.
Damit ergibt sich: $1\ \text{cm}^3 = 10\ \text{mm} \cdot 10\ \text{mm} \cdot 10\ \text{mm} = 1\,000\ \text{mm}^3$.
Also sind $1\,000\ \text{mm}^3 = 1\ \text{cm}^3$.

128

4. a) $30\,600\,000\ \text{m}^2 = 306\ \text{m} \cdot 100\,000\ \text{m}$

b) $35\,732\ \text{km}^2 = 4\ \text{km} \cdot 8\,933\ \text{km}$
[$20\,734\ \text{ha} = 4\,000\ \text{m} \cdot 51\,835\ \text{m} = 4\ \text{km} \cdot 51{,}835\ \text{km}$]

128

5. **a)** 9 000 m^2; 12 000 a; 24 a; 36 km^2
b) 800 mm^2; 9 dm^2; 450 000 dm^2; 30 000 000 mm^2
c) 7 000 000 m^2; 290 000 a; 24 000 000 cm^2; 3 ha
d) 5 600 000 m^2; 0,56 ~~ha~~ km^2; 560 000 m^2; 56 ha

6. Druckfehler in der 1. Auflage: Wie groß ist der Flächeninhalt eines 9 cm langen Rechtecks mit dem Umfang 26 cm?
Die andere Seite des Rechtecks ist 4 cm lang.
Der Flächeninhalt des Rechtecks beträgt 36 cm^2.
Die Seiten eines flächeninhaltsgleichen Quadrats sind 6 cm lang.

7. **a)** 715 000 mm^3	**b)** 17,6 m^3	**c)** 147 000 ml	**d)** 1 234 dm^3
3,4 dm^3	93 cm^3	9 ℓ	0,399 ℓ

8. **a)** O = 56,52 cm^2 **b)** O = 5,42 m^2 **c)** O = 24,118 m^2

9. V = 1 ℓ = 1 000 cm^3 = a · 9 ch · 6 cm ergibt eine Höhe der Packung a = 18,52 cm.
Damit ergibt sich eine Oberfläche von O = 663,42 cm^2.
Zur Herstellung werden mindestens 664 cm^2 benötigt.

10. O = 249 cm^2 = 2(5b + 40 + 8b) ergibt eine Höhe des Quaders b = 6,5 cm.
Damit ergibt sich für das Volumen V = 5 cm · 8 cm · 6,5 cm = 260 cm^3.

3. Berechnungen an Vielecken und Prismen

Lernfeld: Wie groß ist …?

130 **1. Auftrag: Wie groß ist?**
Die Schülerinnen und Schüler sollen durch Vergleichen mit bekannten Größen weitere Größen abschätzen und sich dabei Gedanken zur erreichten Genauigkeit machen.
Punkt 1: Meine Hand deckt ein DINA4-Blatt dreimal ab. Das Blatt hat einen Flächeninhalt von $\frac{1}{16}$ m². Die Hand hat somit etwa einen Flächeninhalt von $\frac{1}{48}$ m². Fehler: Die Hand lässt ein wenig Blatt frei, etwa 25%.
Punkt 2: Der Surfer ist etwa 2 m groß. Das Segel ist etwa 2,5-mal so hoch wie der Surfer und vielleicht so breit wie der Surfer lang. Das macht 10 m². Da es zu den Enden spitz zuläuft, ziehen wir die Hälfte ab, macht 5 m² Segelfläche. Bei dieser Schätzung sind wir sehr ungenau, mindestens 50%.
Punkt 3: In den Mund passt etwa eine kleine Kaffeetassenfüllung. Das sind 60 bis 100 ml. Darauf trainierte Personen können auch mehr (bis zu 200 ml) in den Mund aufnehmen.
Punkt 4: Der Ballondurchmesser wird mit 20 cm angenommen. Der Ballon füllt also einen Quader mit 8 000 cm³ = 8 ℓ. Der Klassenraum habe ein Volumen von 10 m · 12 m · 3 m = 360 m³. Dann würde er 360 m³ : 0,008 m³ = 45 000 solcher Quader fassen. Da die Ballons aber günstiger zum Liegen kommen, kann man von einer deutlich größeren Zahl ausgehen (maßstabsgetreue Experimente mit Murmeln könnten weiter helfen).

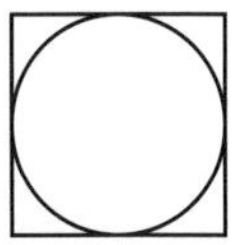

Punkt 5: Keine Lösung.

2. Auftrag: Tangram
Tangram zeigt beispielhaft die Ideen, die bei der Berechnung verschiedener Flächen in diesem Kapitel immer wiederkehren: Zerlegungsgleichheit, Zerlegung in bekannte beziehungsweise berechenbare Figuren. Durch die Bastelvorlage wird bereits das Verfahren zur Flächeninhaltsbestimmung erkennbar.

130 *1. Punkt:*

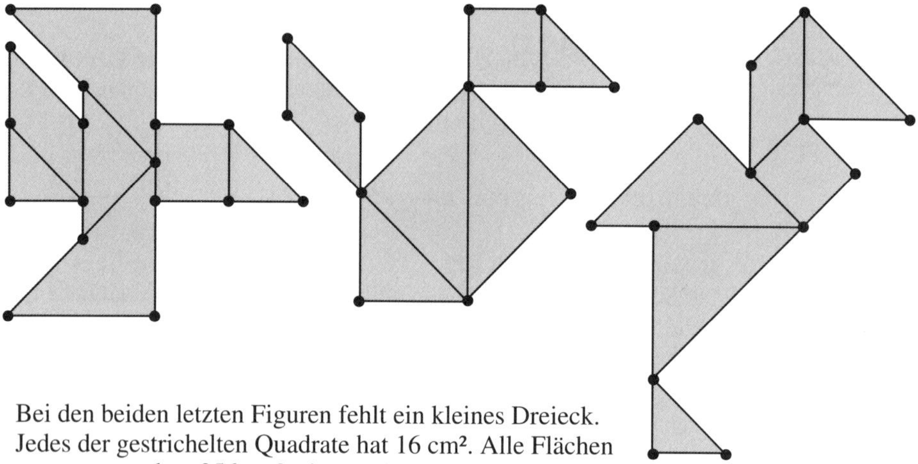

Bei den beiden letzten Figuren fehlt ein kleines Dreieck.
Jedes der gestrichelten Quadrate hat 16 cm². Alle Flächen zusammen geben 256 cm², ebenso der erste Vogel.
Die anderen geben 240 cm².
2. Punkt: Keine Lösung.

131 **3. Auftrag: Drachenbau**

Die Schülerinnen und Schüler sollen die Eigenschaften besonderer Vierecke wiederholen. Außerdem wird zum Beispiel durch Zerlegen der Figur und Neuzusammensetzen der Flächeninhalt bestimmt. Man stellt beim Experimentieren fest, dass die Positionierung der Querleiste (Rechtwinkligkeit vorausgesetzt) keinen Einfluss auf den Flächeninhalt, bzw. die Folienmenge hat. Das bleibt selbst dann so, wenn die Querleiste zersägt wird. Eine Invariante wird entdeckt. Die Konsequenz ist, dass nur die Gesamtlängen der beiden Diagonalen in die Flächeninhaltsformeln eingehen.
Problematisiert werden kann, dass die asymmetrische Figur schlechte Flugeigenschaften hat und das bei einem Delta-Drachen zwar die Formel für den Flächeninhalt die gleiche bleibt, die Leisten aber vorne sitzen müssen und nicht mehr auf den Diagonalen. Somit ändern sich die Maße für die benötigten Leisten.
1. Punkt: Unterschied zum Rechteck: nicht alle Innenwinkel sind rechtwinklig.
Unterschied zum Trapez: keine zwei Seiten sind parallel.
Unterschied zum allgemeinen Viereck: nur zwei unterschiedliche Kantenlängen, die Diagonalen sind orthogonal zueinander.
2. Punkt: Fläche des oberen, kleinen Dreiecks: 312,5 cm²
Fläche des unteren, großen Dreiecks: 687,5 cm²
Gesamtfläche der benötigten Folie: 2 000 cm²
3. Punkt: Verschieben der Querleiste ändert die Folienfläche nicht.
4. Punkt: Die Behauptung ist falsch, es wird immer die gleiche Fläche aufgespannt. Das Werk darf nicht mehr Drachen genannt werden, weil es im Allgemeinen nicht nur zwei unterschiedliche Kantenlängen haben wird, die sich nicht gegenüberliegen.
5. Punkt: Der Drachen kann nicht mehr durch seine Diagonalen aufgespannt werden, sondern nur durch eine Diagonale und zwei Kanten. Es werden 1500 cm² Folie benötigt und 158,06 cm Holzleiste (für die kurze, innen liegende Diagonale und die langen Seiten der beiden Teildreiecke).

3.1 Flächeninhalt eines Parallelogramms

133 **2.** Die Länge der anderen Seite entspricht der Höhe h. Der Flächeninhalt des Parallelogramms ist genauso groß wie der Flächeninhalt des Rechtecks (siehe Zerlegung im Bild).

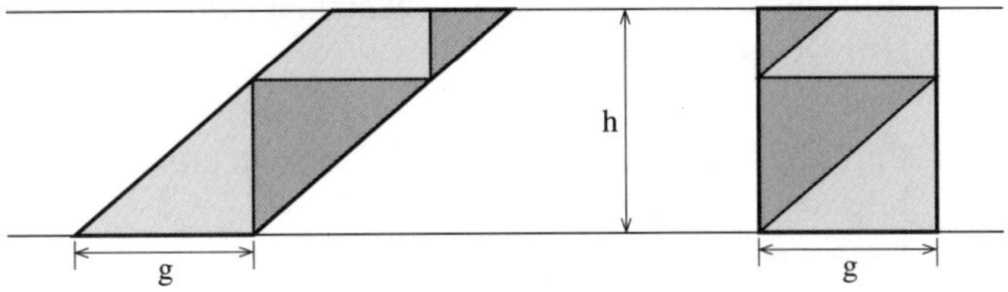

3. **a)** Die Parallelogramme haben alle denselben Flächeninhalt A = 3,3 cm², da sie alle gleich lange Grundseiten und Höhen besitzen.
Satz: Parallelogramme mit gleich langer Grundseite und gleicher Höhe besitzen denselben Flächeninhalt.
b) Zum Beispiel Parallelogramme mit der Grundseite g = 5,3 cm und der Höhe h = 5,3 cm.

134 **4.** Die Höhe ist $h_a \approx 4{,}3$ cm. Der Flächeninhalt beträgt 36 cm².

5. Man konstruiert jeweils ein Rechteck, dessen Seitenlängen die Grundseite und die entsprechende Höhe des Parallelogramms sind.
a) 3 cm² **b)** 6,25 cm² **c)** 3 cm² **d)** 3,75 cm² **e)** 3 cm²

6. **a)** 12,6 cm² **b)** 8,36 cm² **c)** 16,8 cm² **d)** 10,8 cm²

7.

Seite	Länge der Seite	zugehörige Höhe	Flächeninhalt
$\overline{AB}$	3,0 cm	1,7 cm	5,1 cm²
$\overline{BC}$	2,1 cm	2,5 cm	5,25 cm²
$\overline{CD}$	3,0 cm	1,7 cm	5,1 cm²
$\overline{DA}$	2,1 cm	2,5 cm	5,25 cm²

Die Unterschiede beim Flächeninhalt entstehen durch Messungenauigkeiten (Rundungen). Der genaue Flächeninhalt beträgt 5,25 cm².

8. **a)** (1) A = 4,5 cm² (3) A = 1,75 cm² (5) A = 5,25 cm²
(2) A = 2,0 cm² (4) A = 2,5 cm²
b) (1) u ≈ 9,9 cm (3) u ≈ 6,4 cm (5) u ≈ 10,5 cm
(2) u ≈ 6,0 cm (4) u ≈ 6,4 cm

9. **a)** A = 28 cm² **c)** A = 20 cm² **e)** A = 21,99 cm² ≈ 22 cm²
b) A = 12 cm² **d)** A = 15,84 cm²

135 **10.** Das mittlere Rechteck wird in die beiden Dreiecke und das blau unterlegte Parallelogramm zerlegt. Da gegenüberliegende Seiten des Parallelogramms gleich lang sind, kann man die Dreiecke wie im rechten Bild zusammenschieben. Da die Rechtecke in der Mitte und rechts den gleichen Flächeninhalt besitzen und ebenso die beiden Dreiecke im mittleren und im rechten Rechteck, ist der Flächeninhalt des blauen Parallelogramms im mittleren Bild genauso groß wie der Flächeninhalt des Rechtecks im rechten Bild, also: $A_P = g \cdot h$.

11. Ein halbes oranges Feld ist 26 cm lang, ein grüner Streifen 14 cm breit, insgesamt also 40 cm.
Das Ornament besitzt also 40 m : 40 cm = 100 grüne Streifen.
Die grünen Streifen haben den Flächeninhalt:
$A_{grün} = 100 \cdot 14\text{ cm} \cdot 36\text{ cm} = 50\,400\text{ cm}^2 = 5{,}04\text{ m}^2$.
Der Flächeninhalt des Ornaments beträgt:
$A = 40\text{ m} \cdot 36\text{ m} = 144\,000\text{ cm}^2 = 14{,}40\text{ m}^2$.
Der Flächeninhalt der orangen Fläche beträgt:
$A_{orange} = A - A_{grün} = 9{,}36\text{ m}^2$.
65% des Ornaments sind orange, 35% sind grün.

12. **a)** $g = 8{,}5$ cm **b)** (1) $g = \frac{A_P}{h}$ (2) $h = \frac{A_P}{g}$

13. $A_P = a \cdot h_a = 14{,}25\text{ cm}^2$; $h_b = \frac{A_P}{b} \approx 4{,}1$ cm.

14. $A = 2 \cdot 7{,}68\text{ m}^2 + 10{,}112\text{ m}^2 = 25{,}472\text{ m}^2$
a) Bei 19% Mehrwertsteuer:
(1) Ohne Mehrwertsteuer 203,78 €; mit Mehrwertsteuer 242,50 €.
(2) Ohne Mehrwertsteuer 314,40 €; mit Mehrwertsteuer 379,35 €.
Das Putzen ist um 56% teurer als das Tapezieren mit Streichen.
b) -

15. **a)** Der Flächeninhalt verdoppelt [verdreifacht; vervierfacht] sich.
b) Der Flächeninhalt versechsfacht [verachtfacht] sich.

16. **a)**

Winkel α	Höhe zu $\overline{AB}$	Flächeninhalt zu A_P
15° (165°)	0,8 cm	4,8 cm²
30° (150°)	1,5 cm	9 cm²
45° (135°)	2,1 cm	12,6 cm²
60° (120°)	2,6 cm	15,5 cm²
75° (105°)	2,9 cm	17,4 cm²
90°	3,0 cm	18 cm²

b) Das Rechteck hat den größten Flächeninhalt dieser Parallelogramme.
c) Zum doppelten Winkel bis 2 · 45° gehört ein Flächeninhalt, der größer ist als der doppelte Flächeninhalt.
d) -

3.2 Flächeninhalt eines Dreiecks

137

2. Das dunkelgrüne Dreieck erhält man durch Spiegelung des hellgrünen Dreiecks am Punkt Z. Der Flächeninhalt des Parallelogramms ist also doppelt so groß wie der Flächeninhalt des Dreiecks, also:

$$A_D = \frac{A_P}{2} = \frac{g \cdot h}{2}$$

3. Die Dreiecke haben alle denselben Flächeninhalt A = 2,3 cm², da sie alle gleich lange Grundseiten und Höhen besitzen.
Satz: Dreiecke mit gleich langen Grundseiten und gleicher Höhe besitzen denselben Flächeninhalt.

4. $h_c \approx 6$ cm; $A \approx 22{,}80$ cm²

5. **a)** 18 cm² **b)** 12 cm² **c)** 4,5 cm² **d)** 4,73 cm²

6.

Seite	Länge der Seite	zugehörige Höhe	Flächeninhalt
$\overline{PQ}$	4,1 cm	2,3 cm	4,72 cm²
$\overline{QR}$	2,6 cm	3,7 cm	4,81 cm²
$\overline{RP}$	3,8 cm	2,5 cm	4,75 cm²

Die Unterschiede beim Flächeninhalt entstehen durch Messungenauigkeiten (Rundungen). Der genaue Flächeninhalt beträgt 4,75 cm².

7.

	a	h_a	b	h_b	c	h_c	A	u
a)	2,5 cm	2,0 cm	2,2 cm	2,2 cm	2,5 cm	2,0 cm	2,50 cm²	7,2 cm
b)	3,6 cm	1,8 cm	2,1 cm	3,2 cm	3,2 cm	2,1 cm	3,25 cm²	8,9 cm
c)	2,5 cm	1,2 cm	3,6 cm	0,8 cm	1,5 cm	20 cm	1,50 cm²	7,6 cm
d)	2,1 cm	2,7 cm	3,2 cm	1,7 cm	2,7 cm	2,0 cm	2,75 cm²	8,0 cm

138

8. **a)** A = 10 cm² **c)** A = 12 cm² **e)** A = 17,42 cm²
b) A = 15 cm² **d)** A = 12,72 cm²

9. Die Ortslinie von C ist eine Parallele zu $\overline{AB}$ (durch C).
Siehe Satz in der Lösung zu Aufgabe 1 a) von Seite 136 des Schülerbandes.

10. **a)** 6,56 cm² **b)** 16,08 cm²

11. a = 2 · 19,5 cm² : 3,9 cm = 39 cm² : 3,9 cm = 10 cm

12.

	a)	b)	c)	d)	e)	f)
Seitenlänge g	3,2 cm	3,2 m	4,6 m	127 m	2,2 m	3,5 m
Höhe h	1,9 cm	1,2 m	4,1 m	50 m	14 cm	3,6 cm
Flächeninhalt A_D	3,04 cm²	1,92 m²	9,43 m²	3175 m²	0,154 m²	630 cm²

138

13. $h = \frac{2 \cdot A_D}{g}$; $g = \frac{2 \cdot A_D}{h}$

14. $A \approx 62{,}8$ ha Die Aufforstung kostet also 150 720 €, also etwa 150 000 €.

15. $h \approx 6{,}6$ m; $A \approx 4 \cdot 14{,}85\ m^2 \approx 59{,}4\ m^2$; $59{,}4\ m^2 \cdot 250 \frac{€}{m^2} = 14\,850$ €
Das Decken des Daches kostet also ungefähr 15 000 €.

16. 19% Mehrwertsteuer: $A = 50{,}32\ m^2 \cdot 39 \frac{€}{m^2} \cdot 1{,}19 = 2\,335{,}35$ €

3.3 Flächeninhalt eines Trapezes

140

2. $h \approx 3{,}1$ cm

3. **a)** $A_T = 16{,}5\ cm^2$
b) $A_T = 15\ cm^2$
c) $A_T = 14\ cm^2$
d) $A_T = 65{,}6\ cm^2$

4. **a)** $A = 3{,}375\ cm^2$; $u \approx 7{,}9$ cm
b) $A = 4{,}5\ cm^2$; $u \approx 8{,}6$ cm
c) $A = 5{,}0\ cm^2$; $u \approx 10{,}5$ cm
d) $A = 5{,}5\ cm^2$; $u \approx 10{,}0$ cm

5. **a)** $A = 20\ cm^2$; $u \approx 19{,}1$ cm
b) $A = 21\ cm^2$; $u \approx 19{,}4$ cm

6. (1) $A_T = 36\ cm^2$
(2) $A_T = 83{,}64\ m^2$
(3) $h = 19{,}2$ cm
(4) $h = 5{,}0$ m
(5) $c = 7{,}5$ cm
(6) $a = 16{,}6$ cm

7. $A = 0{,}56\ m^2$
Die Kosten betragen einschließlich 20% Aufschlag 16,80 € ohne Mehrwertsteuer, mit 19% Mehrwertsteuer sind es 19,99 €.

8. Druckfehler in der 1. Auflage: Grundseite c statt Grundseite b
$a = \frac{2 \cdot A_T}{h} - c$ $\left[c = \frac{2 \cdot A_T}{h} - a;\ h = \frac{2 \cdot A_T}{a+c} \right]$

9. Druckfehler in der 1. Auflage: c = 5 cm statt b = 5 cm
Der Flächeninhalt dieser Trapeze ist immer gleich groß, nämlich $18\ cm^2$.
Die Umfänge sind nicht alle gleich groß.

10. (1) Die Aussage ist richtig, denn: Bei gleich lang bleibenden Grundseiten ist der Flächeninhalt proportional zur Höhe.
(2) Die Aussage ist falsch.
Gegenbeispiele: Trapeze mit der Seitenlänge $a_1 = c$ und $a_2 = \frac{c}{2}$.
Dann gilt $A_1 = \frac{c+c}{2} \cdot h = c \cdot h$ und $A_2 = \frac{c+c}{2} \cdot h = \frac{3}{4} c \cdot h$. Zur halben Seitenlänge gehört nicht der halbe Flächeninhalt. Die Zuordnung ist nicht proportional.

3.4 Flächeninhalt beliebiger Vielecke

142 **1.** **a)** $A_{BCD} = \frac{2\,000\text{ m} \cdot 900\text{ m}}{2} = 900\,000\text{ m}^2 = 90\text{ ha}$

$A_{BDE} = \frac{1\,775\text{ m} \cdot 700\text{ m}}{2} = 621\,250\text{ m}^2 = 62{,}125\text{ ha}$

$A_{ABEF} = 1\,450\text{ m} \cdot 550\text{ m} = 797\,500\text{ m}^2 = 79{,}75\text{ ha}$

b) 207 000 € + 708 225 € + 502 425 € = 1 417 650 €

2. **a)** $A = 3{,}69\text{ m}^2 + 28{,}80\text{ m}^2 = 32{,}49\text{ m}^2$
Man benötigt ungefähr 4,55 ℓ Farbe, also einen Eimer.
b) $A = 41{,}31\text{ m}^2 + 157{,}43\text{ m}^2 = 198{,}74\text{ m}^2$
Man benötigt ungefähr 27,82 ℓ Farbe, also drei Eimer.
Diese kosten 149,94 €.

3. $A = 110\text{ cm} \cdot 110\text{ cm} - 4 \cdot \frac{1}{2} \cdot 18{,}25\text{ cm} \cdot 18{,}25\text{ cm} \approx 11\,433{,}88\text{ cm}$

$\approx 1{,}14\text{ m}^2$

Insgesamt sind ungefähr 4,6 m² zu streichen. Eine kleine Dose reicht also nicht aus.

4. Bei der Einheit 1 cm erhält man den Flächeninhalt 33 cm².

5. **a)** $A = 3\,600\text{ cm}^2 = 36\text{ dm}^2 = 0{,}36\text{ m}^2$
b) Die Grundseite und die Höhe der Dreiecke ändern sich nicht.
Der Flächeninhalt ändert sich also auch nicht.

6. $A_D = \frac{1}{2} \cdot 14\text{ cm} \cdot 20\text{ m} = 140\text{ m}^2$

$A_E = \frac{1}{2} \cdot 12\text{ cm} \cdot 24\text{ m} = 144\text{ m}^2$

$A_F + A_G = \frac{1}{2} \cdot (14\text{ m} + 23\text{ m} + 12\text{ m}) \cdot 13\text{ m} = \frac{1}{2} \cdot 49\text{ m} \cdot 13\text{ m} = 318{,}5\text{ m}^2$

$A_T = \frac{1}{2} \cdot (24\text{ m} + 20\text{ m}) \cdot 23\text{ m} = \frac{1}{2} \cdot 44\text{ m} \cdot 23\text{ m} = 506\text{ m}^2$

$A = 1\,108{,}5\text{ m}^2$

3.5 Vermischte Übungen zum Flächeninhalt von Vielecken

143 **1.** $A_{min} = 4\,050\text{ m}^2$ $A_{max} = 10\,800\text{ m}^2$

2. Die Höhe der Parallelogramme beträgt 8,75 m : 6 ≈ 1,46 m.
$A_{gesamt} = 6 \cdot 2{,}60\text{ m} \cdot 1{,}46\text{ m} \approx 22{,}78\text{ m}^2$
Die Kosten betragen 2 958,82 €, also knapp 3 000 €.

143

3. $A \approx 14\ m^2$; $14 \cdot 5$ Rosen = 70 Rosen
$70 \cdot 7{,}65\ € = 535{,}50\ €$
Die Kosten liegen zwischen 500 € und 550 €.

4. **a)** $h = 8{,}4$ cm **b)** $h = 16{,}8$ cm

5. Z. B.: Wie viel Farbe benötigt man für zwei Anstriche?
Wie teuer wird der doppelte Anstrich?
Rechnungen: $A \approx 17{,}4\ m^2$; $2 \cdot 17{,}4 \cdot 60$ ml = 2 088 ml;
$17{,}4 \cdot 36{,}50\ € = 635{,}10\ €$
Antworten: Für zwei Anstriche benötigt man 2 088 ml Farbe.
Die Gesamtkosten betragen 635,10 €.

6. $A = 10{,}66\ cm^2$; $h_b \approx 6{,}1$ cm

7. (1) 2 784 cm² (2) 4 875 cm² + 300 cm² = 5 175 cm²

144

8. $\overline{MF}$ ist die Mittellinie des Dreiecks ABC. Das Dreieck AMG ist Bild des Dreiecks CMF bei Spiegelung am Punkt M. Die Dreiecke sind zueinander kongruent, haben also gleichen Flächeninhalt.
Das Parallelogramm ABFG hat die Grundseite g und die Höhe $\frac{h}{2}$. Es hat denselben Flächeninhalt wie das Dreieck ABC. Also gilt: $A_D = A_P = g \cdot \frac{h}{2}$.

9. **a)** $A = 12\ cm^2$
b) Die Raute wird durch eine Diagonale in zwei gleich große Dreiecke zerlegt, mit der Grundseite f und der Höhe $\frac{e}{2}$ bzw. der Grundseite e und der Höhe $\frac{f}{2}$.
Für den Flächeninhalt der Raute gilt also: $A = 2 \cdot \frac{1}{2} \cdot f \cdot \frac{e}{2} = \frac{e \cdot f}{2}$
c) $A_Q = \frac{d^2}{2}$

10. **a)** $A = 20\ cm^2$
b) Die Diagonale f ist Symmetrieachse, zerlegt also das Drachenviereck in zwei gleich große Dreiecke mit der Grundseite f und der Höhe $\frac{e}{2}$.
Für den Flächeninhalt des Drachenvierecks gilt also: $A = 2 \cdot \frac{1}{2} \cdot f \cdot \frac{e}{2} = \frac{e \cdot f}{2}$

144 **11.**

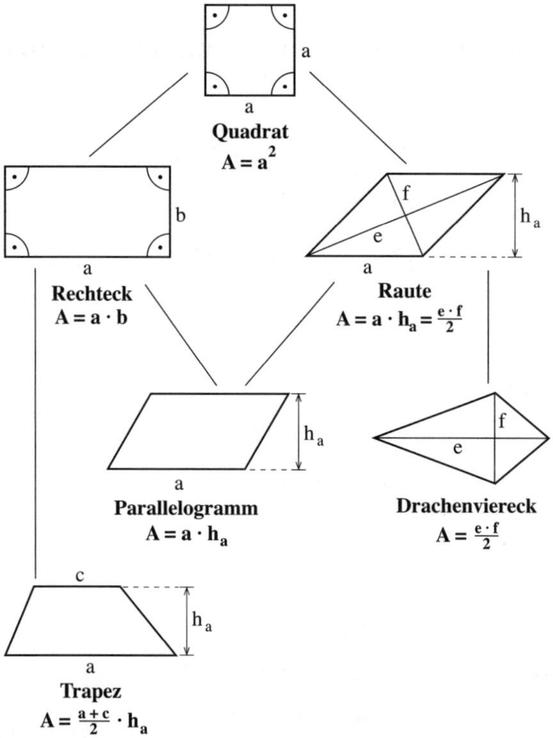

12. grob geschätzt: $A \approx \frac{1}{2} \cdot 2\text{ m} \cdot 5\text{ m} = 7{,}5\text{ m}^2$

13. **a)** $h_b \approx 6{,}5$ cm **b)** $h_a \approx 1{,}6$ cm

14. **a)** $\frac{\frac{1}{2} \cdot 1}{2} = \frac{1}{4}$

b) $1 \cdot 1 - \frac{\frac{1}{2} \cdot \frac{1}{6}}{2} - \frac{\frac{1}{2} \cdot \frac{1}{2}}{2} - \frac{\frac{1}{2} \cdot \frac{1}{6}}{2} - \frac{\frac{5}{6} \cdot \frac{5}{6}}{2} = 1 - \frac{1}{24} - \frac{1}{8} - \frac{1}{24} - \frac{25}{72} = \frac{4}{9}$

c) Der parallelogrammförmige Streifen hat den Anteil $\frac{1}{2} \cdot 1$, also $\frac{1}{2}$. Das gefärbte Trapez ist halb so groß. Der Anteil der gefärbten Fläche ist also $\frac{1}{4}$.

d) $1 \cdot 1 - 2 \cdot \frac{1}{2} \cdot \frac{2}{3} + \frac{1}{3} \cdot \frac{1}{8} = 1 - \frac{2}{3} + \frac{1}{24} = \frac{3}{8}$

Im Blickpunkt:
Flächeninhalt und Umfang krummlinig begrenzter Figuren

145

1. a) Von oben links nach rechts:

Dreieck: $A_1 \approx \frac{700\text{ m} \cdot 1\,700\text{ m}}{2} = 595\,000\text{ m}^2$

Trapez: $A_2 \approx \frac{(2\,000\text{ m} + 1\,800\text{ m}) \cdot 1\,000\text{ m}}{2} = 1\,900\,000\text{ m}^2$

Trapez: $A_3 \approx \frac{(2\,700\text{ m} + 2\,100\text{ m}) \cdot 1\,500\text{ m}}{2} = 3\,600\,000\text{ m}^2$

Trapez: $A_4 \approx \frac{(2\,250\text{ m} + 2\,800\text{ m}) \cdot 1\,500\text{ m}}{2} = 3\,787\,500\text{ m}^2$

Trapez: $A_5 \approx \frac{(2\,100\text{ m} + 2\,250\text{ m}) \cdot 4\,450\text{ m}}{2} = 9\,678\,750\text{ m}^2$

Trapez: $A_6 \approx \frac{(2\,200\text{ m} + 1\,300\text{ m}) \cdot 5\,300\text{ m}}{2} = 9\,275\,000\text{ m}^2$

$A \approx 28\,836\,250\text{ m}^2 \approx 28{,}84\text{ km}^2$

b) Norderney ist ungefähr 26,29 km² groß.

c) Geradlinig gemessen ungefähr 32,7 km, aufgrund der Einbuchtungen wahrscheinlich mehr.

2. a) Von links nach rechts:

Trapez: $A_1 \approx \frac{(250\text{ m} + 1\,200\text{ m}) \cdot 1\,000\text{ m}}{2} = 725\,000\text{ m}^2$

Trapez: $A_2 \approx \frac{(1\,200\text{ m} + 1\,900\text{ m}) \cdot 1\,000\text{ m}}{2} = 1\,550\,000\text{ m}^2$

Parallelogramm $A_3 \approx 1\,900\text{ m} \cdot 1\,000\text{ m} = 1\,900\,000\text{ m}^2$

Trapez: $A_4 \approx \frac{(1\,900\text{ m} + 1\,550\text{ m}) \cdot 1\,000\text{ m}}{2} = 1\,725\,000\text{ m}^2$

Trapez: $A_5 \approx \frac{(1\,600\text{ m} + 400\text{ m}) \cdot 1\,000\text{ m}}{2} = 1\,000\,000\text{ m}^2$

$A_{gesamt} \approx 6\,900\,000\text{ m}^2 = 6{,}9\text{ km}^2$

b) Baltrum ist ungefähr 6,50 km² groß.

c) Geradlinig gemessen ungefähr 11,5 km, aufgrund der Einbuchtungen wahrscheinlich mehr.

3.6 Prismen – Netz und Schrägbild

3.6.1 Netz und Größe der Oberfläche eines Prismas

147

2. Die Schachteln sind Prismen, die Mantelfläche besteht also aus Rechtecken. Sie unterscheiden sich durch ihre Grundfläche.

- gleichseitiges Dreieck
- Trapez
- Quadrat (speziell Würfel)
- regelmäßiges Sechseck
- regelmäßiges Fünfeck

147 **3.** -

148 **4.**

(1) Prisma	G: Trapez	h: Abstand dieser Trapeze
(2) Prisma	G: Rechteck	h: Abstand dieser Rechtecke
(3) Prisma	G: $\frac{1}{6}$ Kreisfläche	h: Abstand dieser Flächen
(4) Prisma	G: „T-Fläche“	h: Abstand dieser Flächen
(5) kein Prisma		

5. a)

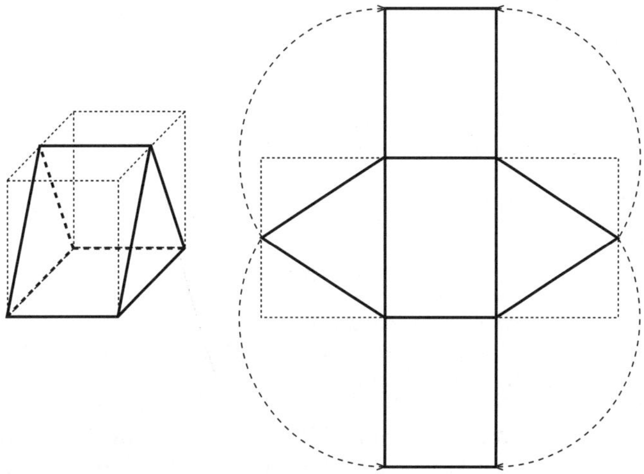

b)

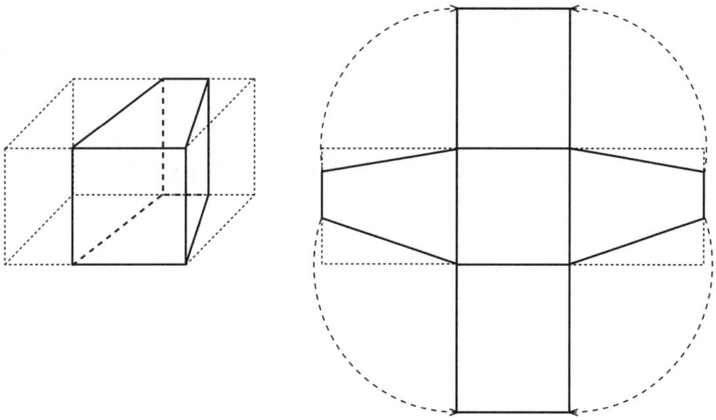

c) Man erhält ein Prisma, dessen Grundfläche eine Raute ist. Die Raute hat eine Seitenlänge von ungefähr 4,6 Karos. Der Mantel ist ein Rechteck, das aus 4 deckungsgleichen Rechtecken mit den Seitenlängen 4,6 Karos und 5 Karos zusammengesetzt ist.

148 **6.**

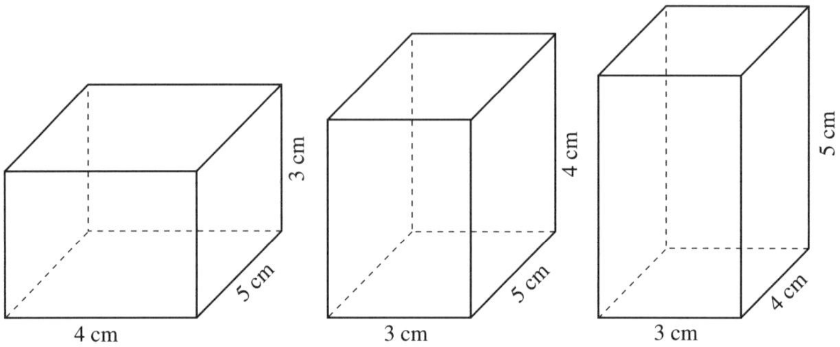

7. Obere Reihe von links nach rechts: falsch; richtig; falsch; falsch
Untere Reihe von links nach rechts: falsch; falsch; falsch; falsch

8. **a)** 230 cm² **b)** - **c)** 78 cm

149 **9.** **a)** $G = \frac{23\text{ mm} \cdot 19\text{ mm}}{2} \cdot 2 = 437\text{ mm}^2$

$M = (23\text{ mm} + 21\text{ mm} + 24\text{ mm}) \cdot 150\text{ mm} = 10\,200\text{ mm}^2$
$O = 437\text{ mm}^2 + 10\,200\text{ mm}^2 = 10637\text{ mm}^2 = 106{,}37\text{ cm}^2$

b) $G = \frac{25\text{ mm} \cdot 15\text{ mm}}{2} \cdot 2 = 375\text{ mm}^2$

$M = (2 \cdot 25\text{ mm} \cdot 150\text{ mm} + 2 \cdot 18\text{ mm} \cdot 150\text{ mm}) = 12\,900\text{ mm}^2$
$O = 375\text{ mm}^2 + 12\,900\text{ mm}^2 = 13\,275\text{ mm}^2 = 132{,}75\text{ cm}^2$

c) $G = \frac{(34\text{ mm} + 16\text{ mm}) \cdot 14\text{ mm}}{2} \cdot 2 = 700\text{ mm}^2$

$M = (34\text{ mm} + 18\text{ mm} + 16\text{ mm} + 16\text{ mm}) \cdot 150\text{ mm} = 12\,600\text{ mm}^2$
$O = 700\text{ mm}^2 + 12\,600\text{ mm}^2 = 13\,300\text{ mm}^2 = 133\text{ cm}^2$

d) $G = \left(\frac{22\text{ mm} \cdot 17\text{ mm}}{2} + \frac{22\text{ mm} \cdot 13\text{ mm}}{2}\right) \cdot 2 = 660\text{ mm}^2$

$M = 2 \cdot (21\text{ mm} \cdot 150\text{ mm}) + 2 \cdot (17\text{ mm} \cdot 150\text{ mm}) = 11\,400\text{ mm}^2$
$O = 660\text{ mm}^2 + 11\,400\text{ mm}^2 = 12\,060\text{ mm}^2 = 120{,}60\text{ cm}^2$

149

10. *1. Körper*

$$O = 2 \cdot (40\ \text{mm} \cdot 30\ \text{mm}) + 2 \cdot (165\ \text{mm} \cdot 30\ \text{mm}) + 2 \cdot (165\ \text{mm} \cdot 40\ \text{mm})$$
$$= 25\,500\ \text{mm}^2 = 255\ \text{cm}^2$$

2. Körper

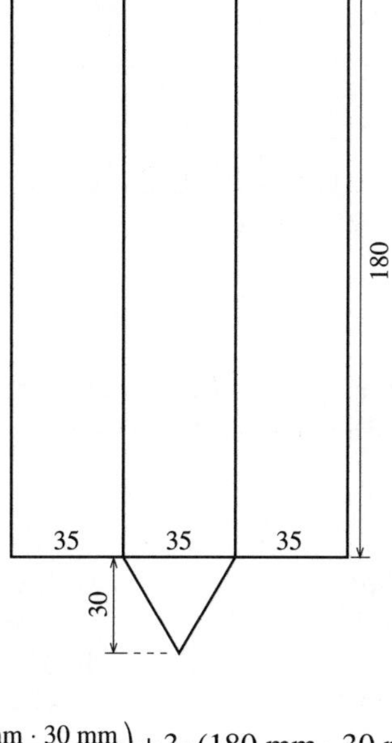

$$O = 2 \cdot \left(\frac{35\ \text{mm} \cdot 30\ \text{mm}}{2}\right) + 3 \cdot (180\ \text{mm} \cdot 30\ \text{mm})$$
$$= 20\,400\ \text{mm}^2 = 204\ \text{cm}^2$$

149

10. *3. Körper*

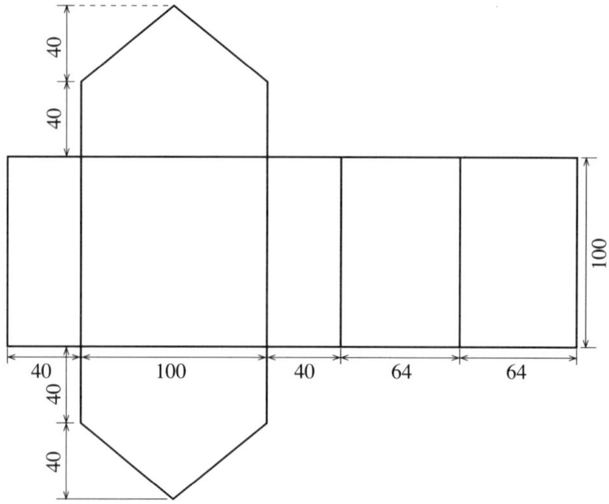

$O = 100\text{ mm} \cdot 100\text{ mm} + 4 \cdot (100\text{ mm} \cdot 40\text{ mm}) + 2 \cdot \left(\frac{100\text{ mm} \cdot 40\text{ mm}}{2}\right)$

$+ 2 \cdot (64{,}03 \cdot 100) = 42\,806\text{ mm}^2 \approx 428\text{ cm}^2$

4. Körper

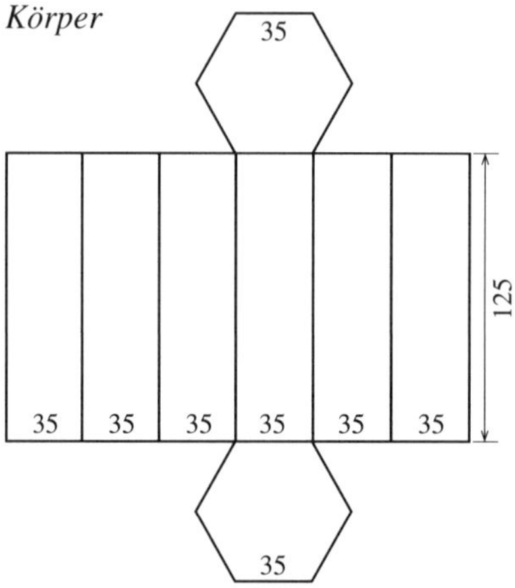

$G = 6\,365{,}29\text{ mm}^2$ $\quad M = 26\,250\text{ mm}^2$

$O = 2 \cdot G + M = 38\,980{,}6\text{ mm}^2 \approx 389{,}8\text{ cm}^2$

11. 600 cm^2

12. **a)** $M = 539{,}6\text{ cm}^2$
$O = 728{,}6\text{ cm}^2$

b) $u \approx 23\text{ cm}$
$O = 645{,}35\text{ cm}^2$

c) $h = 5{,}8\text{ cm}$
$G = 8{,}9\text{ cm}^2$

d) $M = 966\text{ cm}^2$
$G = 129{,}5\text{ cm}^2$

3.6.2 Schrägbild eines Prismas

150 **1.**

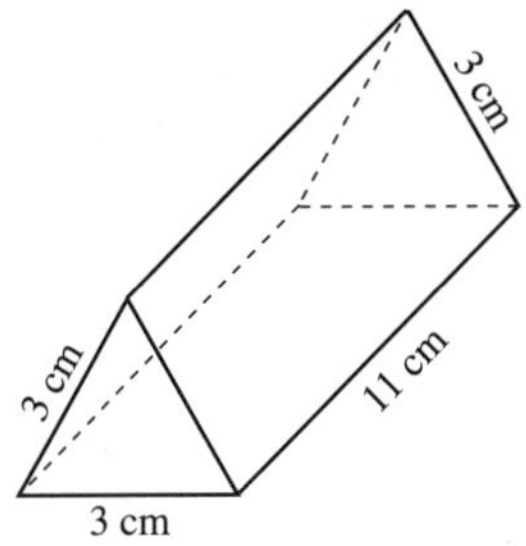

2.

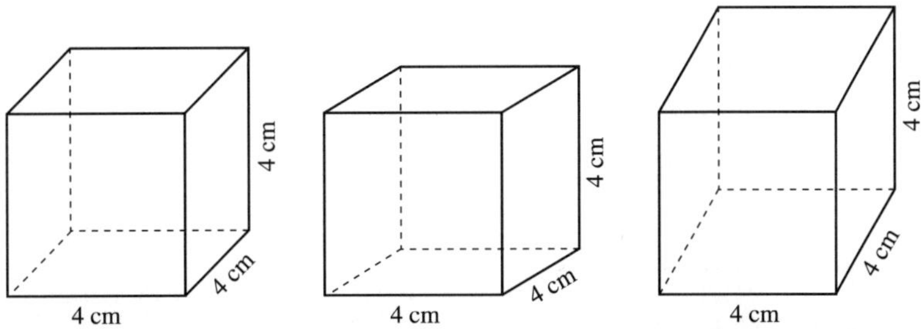

Winkel: 45°	Winkel: 30°	Winkel: 60°
Faktor: $\frac{1}{2}$	Faktor: $\frac{1}{2}$	Faktor: $\frac{2}{3}$

3.

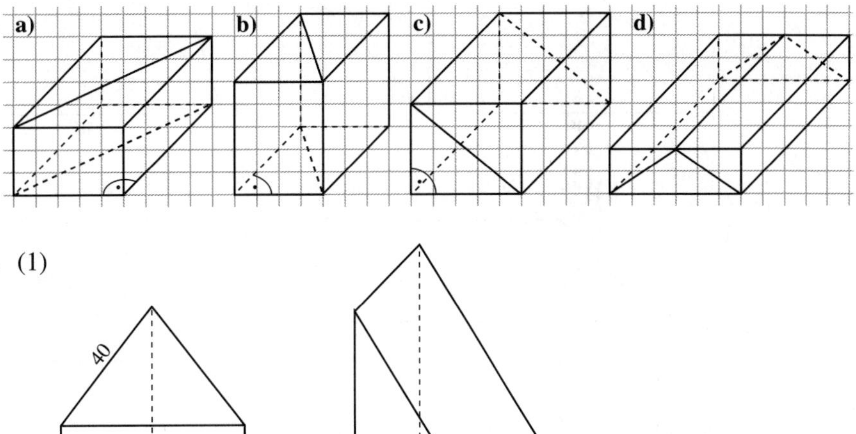

4. (1)

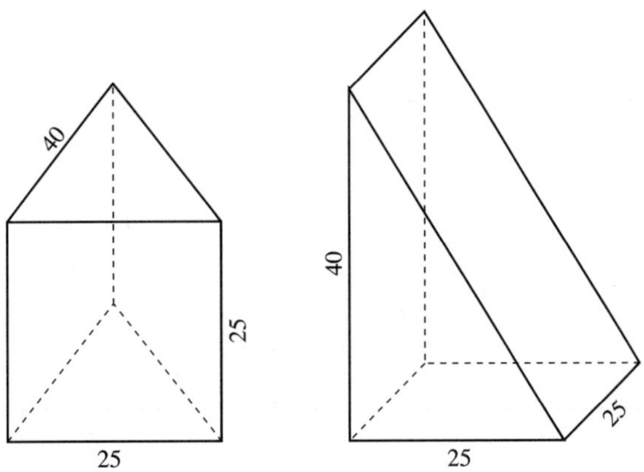

150 **4.** (2)

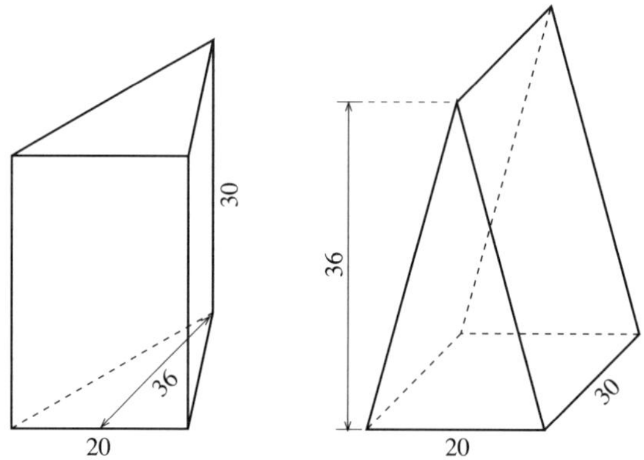

(3)

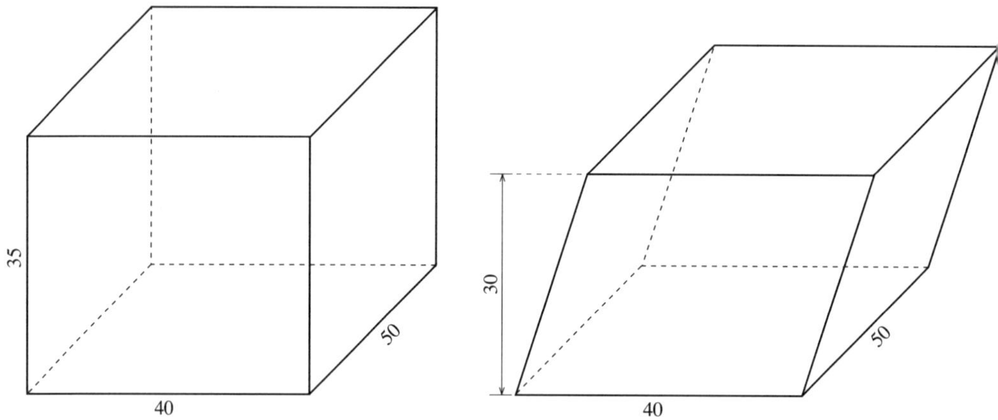

(4)

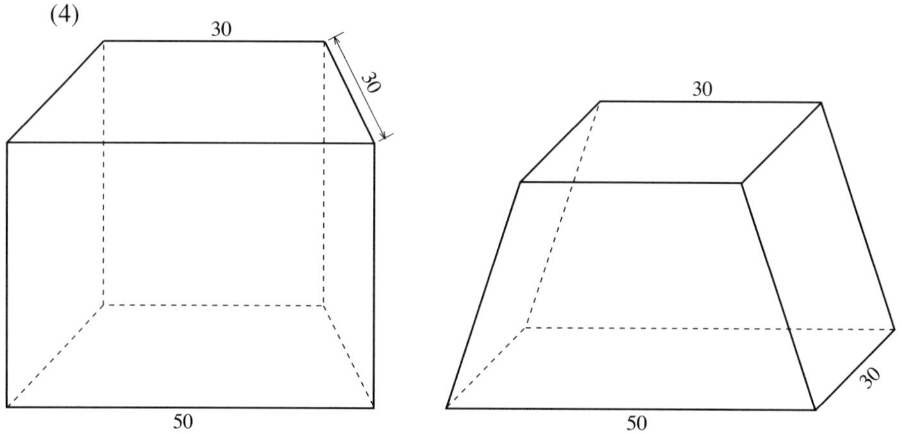

150 5. a) Die Länge einer Strecke, die im Schrägbild parallel zur Vorderfläche ist, ist gleich der wirklichen Länge.
b) Die Länge einer Strecke, die im Schrägbild orthogonal zur Vorderfläche ist, wurde im Vergleich zur wirklichen Länge um den Verkürzungsfaktor verkürzt.
c) Die Länge kann man nur über eine Hilfszeichnung zeichnerisch bestimmen (mit Hilfslinien, die parallel oder orthogonal zur Vorderfläche sind).

3.7 Volumen eines Prismas

152 1. a) Man zerlegt die Prismen wie in Aufgabe 1 auf Seite 151 des Schülerbandes und erhält Quader mit gleich großen Grundflächen und gleicher Höhe. Für aller Prismen gilt:
$A = 1{,}5\text{ cm} \cdot 4\text{ cm} = 6\text{ cm}^2$ und $V = 6\text{ cm}^2 \cdot 3{,}5\text{ cm} = 21\text{ cm}^3$
b) Die Grundfläche lässt sich in Dreiecke zerlegen, das Prisma entsprechend in Prismen mit dreieckiger Grundfläche, für die gilt: $V_D = G_D \cdot h$.
Damit gilt für das Prisma:

$$\begin{aligned} V &= V_{D_1} + V_{D_2} + V_{D_3} + \ldots + V_{D_n} \\ &= G_{D_1} \cdot h + G_{D_2} \cdot h + G_{D_3} \cdot h + \ldots + G_{D_n} \cdot h \\ &= \left(G_{P_1} + G_{P_2} + G_{P_3} + \ldots + G_{P_n}\right) \cdot h \\ &= G \cdot h \end{aligned}$$

2. Längeneinheiten wie in Aufgabe 1, also 2 Kästchen entsprechen 1 cm und 1 Kästchendiagonale entspricht 1 cm.
a) $1{,}5\text{ cm}^3$ **b)** $4{,}5\text{ cm}^3$ **c)** $5{,}25\text{ cm}^3$ **d)** 8 cm^3

3. Mit den Maßen im Bild erhält man:
a) 756 m^3 **b)** $7\,056\text{ m}^3$

153 4. **a)** 60 cm^3 **c)** $1\,833{,}195\text{ m}^3$ **e)** $40{,}185\text{ dm}^3$
b) $282{,}596\text{ dm}^3$ **d)** $162\,472{,}5\text{ cm}^3$

5. P_1 und P_2; P_3 und P_6; P_4, P_5 und P_7

6. 6,5 dm

7. **a)** 342 cm^3 **b)** $843{,}75\text{ m}^3$ **c)** $10\,000\text{ cm}^3$ **d)** 100 m^3

8. Das Volumen wird verdoppelt [verdreifacht; halbiert].

153 **9.** **a)** 60 000 cm^3 = 60 dm^3 = 60 ℓ
7 400 cm^2 = 74 dm^2
Der Körper fasst 60 ℓ und man benötigt 74 dm^2 Blech für die Herstellung.
oder V = 60 ℓ ; O = 74 dm^2
b) V = 81 ℓ   O = 85,8 dm^2
c) V = 10,5 ℓ   O = 25 dm^2

10. 40 572 cm^3; 109 544,4 g ≈ 110 kg

154 **11.** **a)** 292,74 m^3 **b)** 357,14 m^3 **c)** 398,75 m^3 **d)** 484,42 m^3

12. **a)** V = 72 cm^3
O = 108 cm^2
b) V = 168 cm^3
O = 204 cm^2
c) V = 126 cm^3
O = 147,6 cm^2
d) V = 52 cm^3
O = 216 cm^2

13. **a)** 231 000 cm^3
1 709,4 kg
b) 268 800 cm^3
1 989,12 kg
c) 402 500 cm^3
2 978,5 kg

14. **a)** P_1: Seitenlänge 50 mm
V = 19 200 mm^3; O = 5 040 mm^2

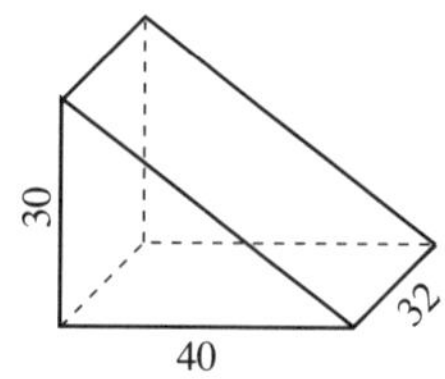

b) P_2: Seitenlängen 21 mm, 40 mm
V = 10 350 mm^3; O = 3 503 mm^2

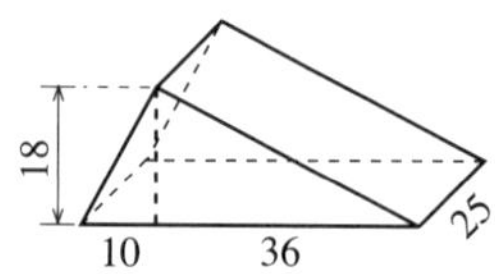

c) P_3: Seitenlängen 32 mm, 25 mm, 32 mm
V = 26 250 mm^3; O = 5 490 mm^2

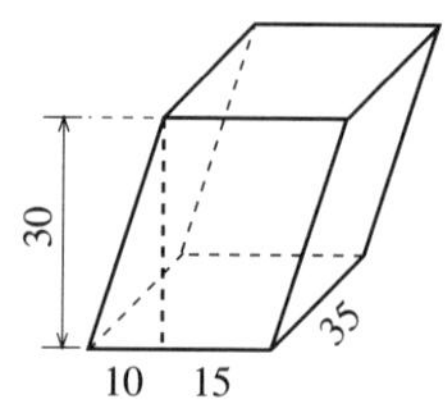

d) P_4: Seitenlängen 23 mm, 20 mm, 23 mm
V = 23 040 mm^3; O = 5 240 mm2

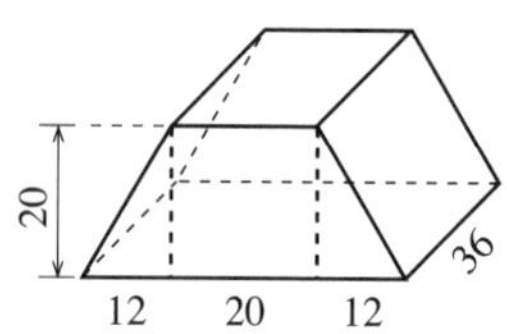

154 **15.** **a)** Die Größe der Oberfläche wird vervierfacht (2 · 2) [verneunfacht (3 · 3)].
Das Volumen wird verachtfacht (2 · 2 · 2) [versiebenundzwanzigfacht (3 · 3 · 3)]

b) Wie in a).

c) Die Größe der Mantelfläche wird verdoppelt [verdreifacht], die Größe der Grundfläche bleibt unverändert. Die Größe der Oberfläche vergrößert sich um die Größe der Mantelfläche [um das Doppelte der Mantelfläche].
$G = 25\text{ cm}^2$; $M = 50\text{ cm}^2$; $O = 2 \cdot G + M = 100\text{ cm}^2$
doppelte Höhe: $G = 25\text{ cm}^2$; $M = 100\text{ cm}^2$; $O = 150\text{ cm}^2$
dreifache Höhe: $G = 25\text{ cm}^2$; $M = 150\text{ cm}^2$; $O = 200\text{ cm}^2$

155 **16.** **a)** 1 800 cm³; 13 140 g **b)** 352 cm³; 2 569,6 g **c)** 756 cm³; 5 518,8 g

17. **a)** $V_a \approx 4{,}8\text{ m}^3$ **b)** $O_a \approx 17\text{ m}^3$ **c)** $V_i \approx 4\text{ m}^3$; $O_i \approx 15\text{ m}^2$

18. **a)** $V = 810\text{ m}^3$

b) $O \approx 505{,}8\text{ m}^2$ (ohne Deckfläche)
22 710,42 € ohne Mehrwertsteuer
27 025,40 € mit 19% Mehrwertsteuer

19.

Artikel	V_p	V_i	$\frac{V_i}{V_p}$
Parfüm (Probe)	90,85 ml	7 ml	7,7%
Eau de Toilette	461,1 ml	75 ml	16,3%
Biologische Waschemulsion	339 ml	150 ml	44,2%
Parfüm	410,816 ml	45 ml	11,0%
Eau de Toilette	273,48 ml	25 ml	9,1%

20. -

3.8 Aufgaben zur Vertiefung

156 **1.** $A = A_{ADEF} - A_{ADB} - A_{BEC} - A_{ACF}$

$= 4{,}5\text{ cm} \cdot 2{,}5\text{ cm} - \frac{1}{2} \cdot 4{,}5\text{ cm} \cdot 0{,}5\text{ cm} - \frac{1}{2} \cdot 2\text{ cm} \cdot 2{,}5\text{ cm}$
$- \frac{1}{2} \cdot 2{,}5\text{ cm} \cdot 2\text{ cm}$

$= 11{,}25\text{ cm}^2 - 1{,}125\text{ cm}^2 - 2{,}5\text{ cm}^2 - 2{,}5\text{ cm}^2 = 5{,}125\text{ cm}^2$

2. **a)** 2,25 cm² **b)** 4,5 cm² **c)** 7,875 cm² **d)** 7,0 cm²

156

3.

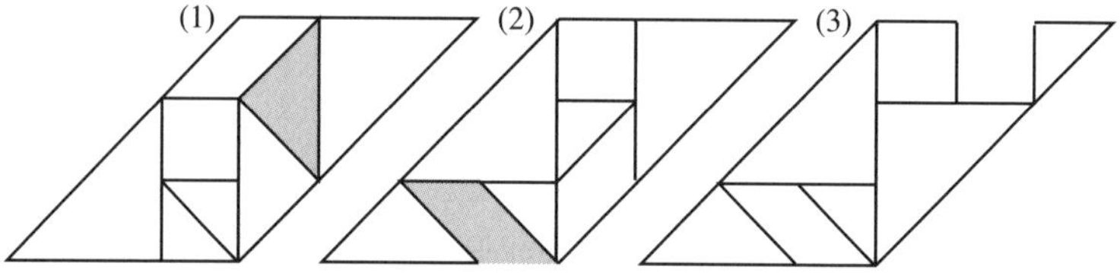

4. a) $b = \frac{2 \cdot A}{a} = \frac{24\ \text{cm}^2}{3\ \text{cm}} = 8\ \text{cm}$

$c = \frac{2 \cdot B}{b} = \frac{32\ \text{cm}^2}{8\ \text{cm}} = 4\ \text{cm}$

$F = \frac{1}{2} \cdot (a + c) \cdot b = \frac{1}{2} \cdot 7\ \text{cm} \cdot 8\ \text{cm} = 28\ \text{cm}^2$

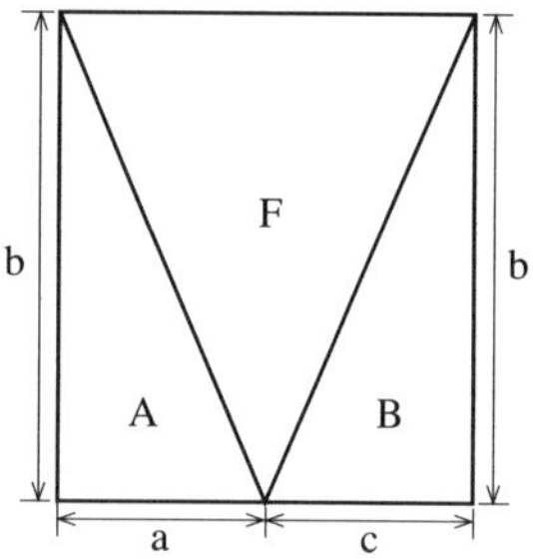

b) (1) $c = \frac{2 \cdot B}{b} = \frac{48\ \text{cm}^2}{3\ \text{cm}} = 16\ \text{cm}$

$A = \frac{1}{2} \cdot a \cdot c = \frac{1}{2} \cdot 5\ \text{cm} \cdot 16\ \text{cm} = 40\ \text{cm}^2$

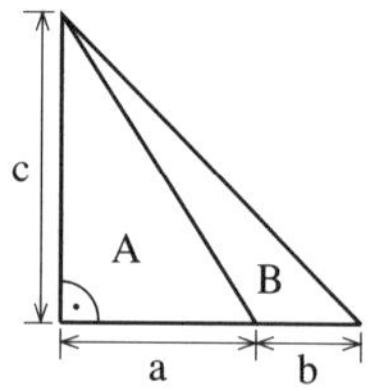

(2) $c = \frac{2 \cdot B}{b} = \frac{30\ \text{cm}^2}{3\ \text{cm}} = 10\ \text{cm}$

$A = a \cdot c = 5\ \text{cm} \cdot 10\ \text{cm} = 50\ \text{cm}^2$

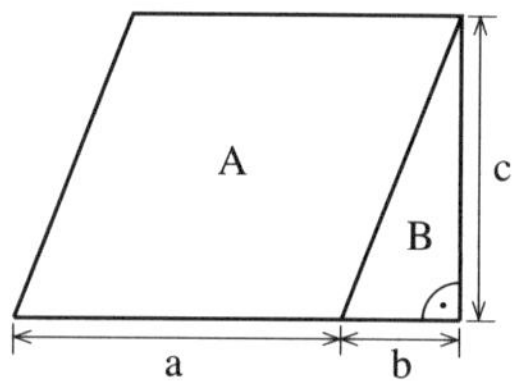

Bleib fit im Umgang mit Zufallsexperimenten

159

1. a) (1) $p(3) = \frac{1}{8}$

(2) $p(\overline{3}) = \frac{7}{8}$

(3) $p(\text{mindestens } 3) = \frac{3}{4}$

(4) $p(\text{Zahl durch 3 teilbar}) = \frac{1}{4}$

b) $p(\text{beim nächsten Wurf eine } 3) = \frac{1}{8}$

c) Eine sehr hohe Anzahl an Würfen würfeln.

160

2. (1) P (Erscheinen einer Primzahl beim Werfen eines Oktaeders) $= \frac{4}{8} = 0{,}5$

(2) P (Erscheinen einer geraden Zahl beim Werfen eines gewöhnlichen Würfels $= \frac{3}{6} = 0{,}5$

Die Wahrscheinlichkeit für einen Gewinn ist bei beiden Zufallsexperimenten gleich groß.

160

3. a) p(Kreuz-Bube) $= \frac{1}{32}$

b) p(Bube) $= \frac{4}{32} = \frac{1}{8}$

c) p(Kreuz-Karte) $= \frac{8}{32} = \frac{1}{4}$

d) p(rote Karte) $= \frac{16}{32} = \frac{1}{2}$

e) p(Karte ohne Punkte) $= \frac{12}{32} = \frac{3}{8}$

4. **a)** P(gerade Augenzahl) = 0,4
b) P(ungerade Augenzahl) = 0,6
c) P(Augenzahl höher als 3) = 0,6
d) P(Augenzahl mindestens 2) = 0,52
e) P(Augenzahl durch 7 teilbar) = 0
f) p(Augenzahl kleiner als 7) = 1

5. Jede richtige Ziffer hat die Wahrscheinlichkeit p = 0,1

Gewinn	Wahrscheinlichkeit
2,50 €	P(2 richtige Endziffern) = 0,01
66,00 €	P(3 richtige Endziffern) = 0,001
666,00 €	P(4 richtige Endziffern) = 0,0001
6 666,00 €	P(5 richtige Endziffern) = 0,00001
100 000,00 €	P(3 richtige Endziffern) = 0,000001

4. Mehrstellige Zufallsexperimente

4.1 Mehrstufige Zufallsexperimente – Baumdiagramme

163 **2.**

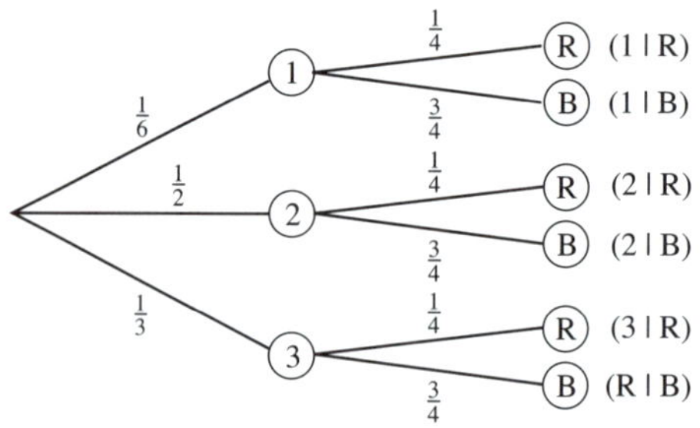

3. a)

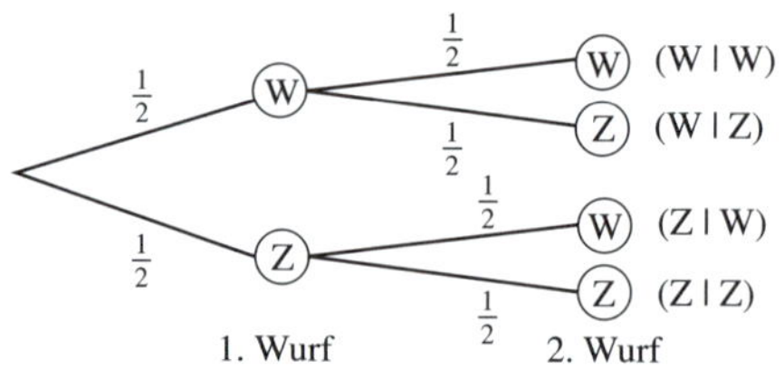

b)

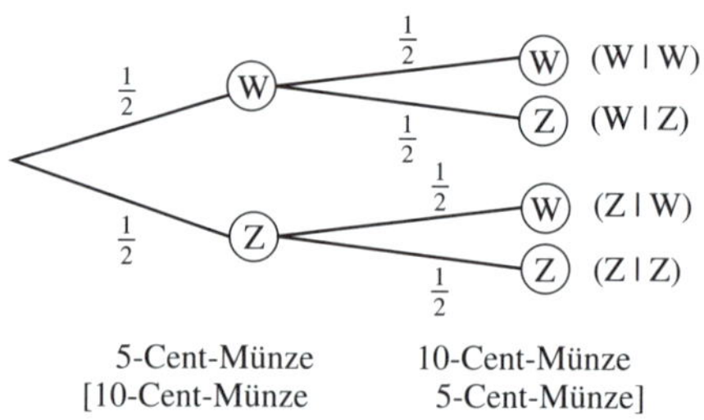

c) Die Baumdiagramme sehen immer gleich aus; die Beschriftung ist unterschiedlich.

(1) Auch wenn die Münzen gleichartig sind, kann man eine Münze (willkürlich) als die 1., die andere als die 2. bezeichnen und wie in Teilaufgabe b) beschriften.

(2) Hier ist die Reihenfolge vorgegeben, wenn auch nicht die Zuordnung, was 1. oder 2. Münze ist.

164

4.

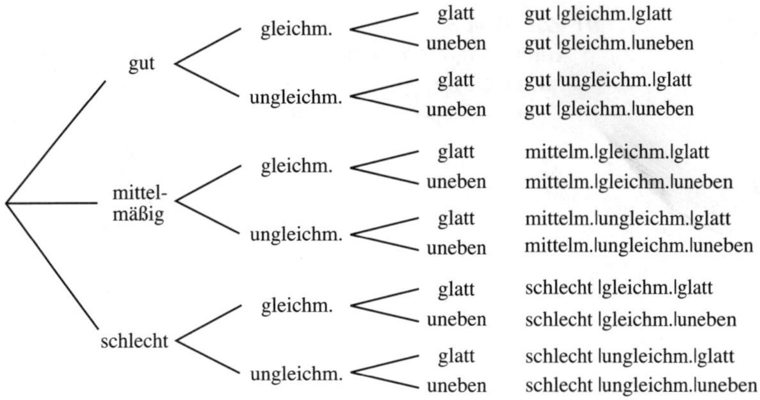

5. Ergebnis (R | R) ist nicht möglich.

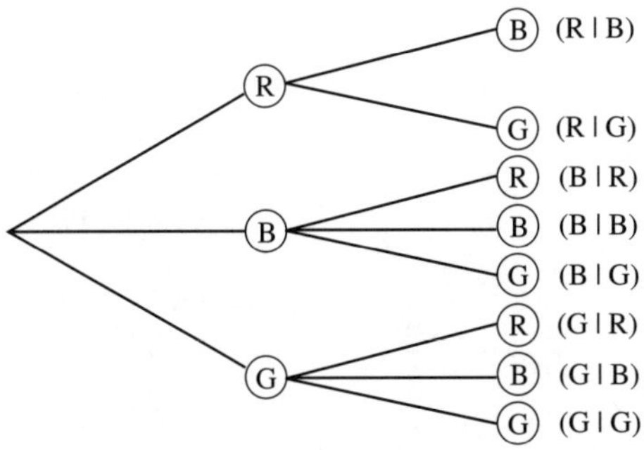

6. E_1: (1 | 1), (1 | 2), (1 | 3), (1 | 4), (2 | 1), (3 | 1), (4 | 1)

E_2: (1 | 1), (2 | 1), (3 | 1), (4 | 1)

E_3: (2 | 1), (3 | 1), (4 | 1)

E_4: (1 | 1), (1 | 3), (3 | 1), (3 | 3)

E_5: (1 | 2), (1 | 4), (2 | 1), (2 | 3), (3 | 2), (3 | 4), (4 | 1), (4 | 3)

E_6: (1 | 2), (2 | 1)

7. a)

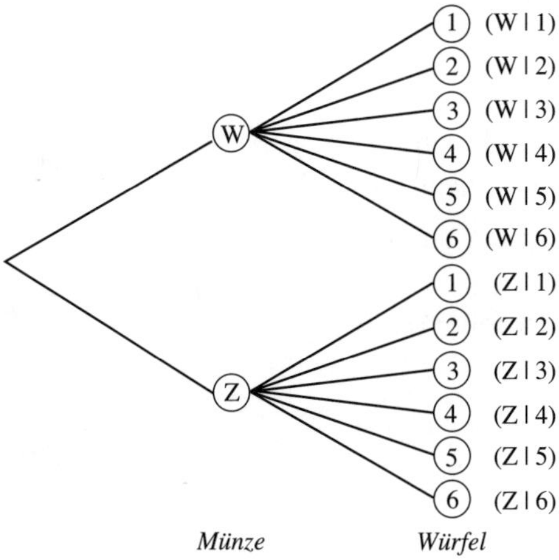

164

7. b) Zuerst Münze, dann Würfel: Baumdiagramm siehe Teilaufgabe a).
Zuerst W~~appen~~ürfel, dann Münze:

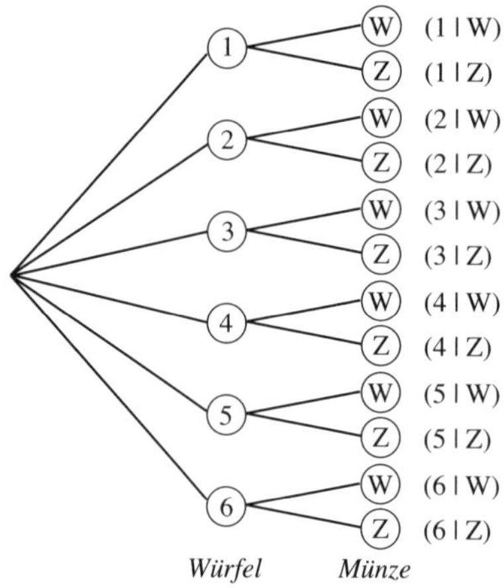

8.

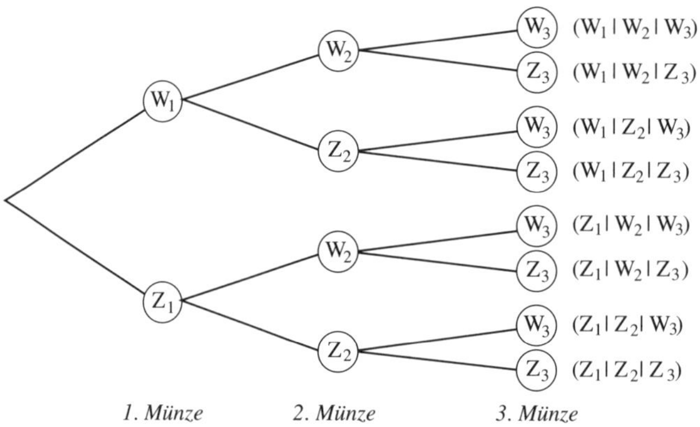

9. a) Glücksrad A wird zweimal gedreht.

Das Ergebnis (B | B) wird die größte Wahrscheinlichkeit haben.

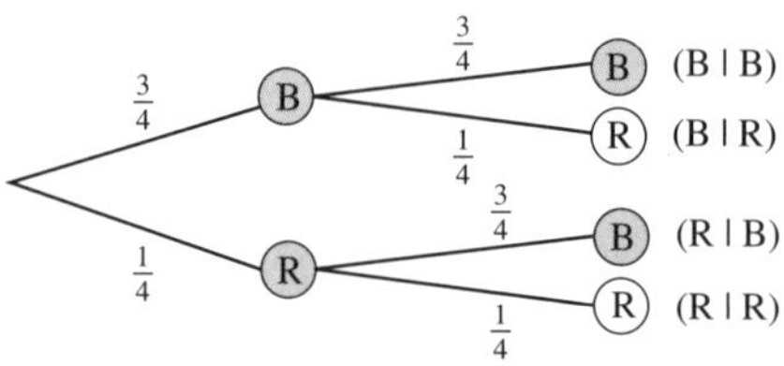

Glücksrad B wird zweimal gedreht.

Das Ergebnis (B | B) hat die größte Wahrscheinlichkeit.

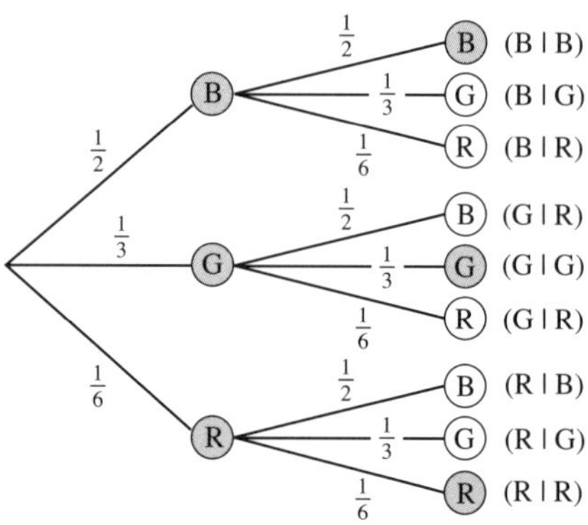

164 **9. a)** Zuerst wird Glücksrad A, dann Glücksrad B gedreht.

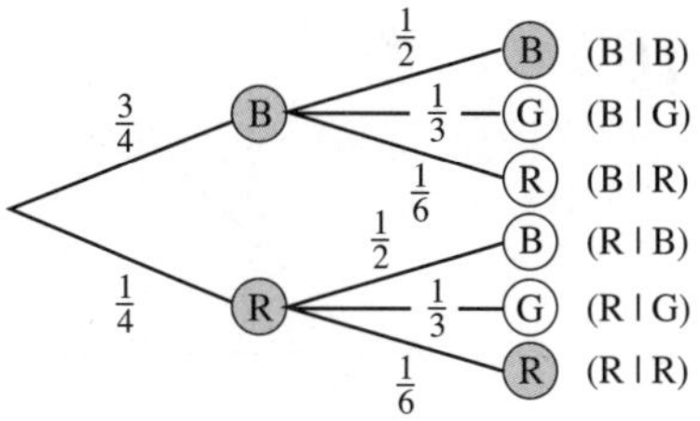

Das Ergebnis (B | B) hat die größte Wahrscheinlichkeit.

Zuerst wird Glücksrad B, dann Glücksrad A gedreht.

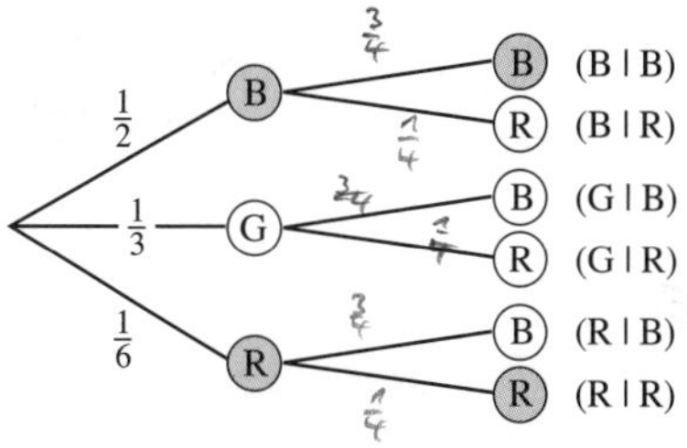

Das Ergebnis (B | B) hat die größte Wahrscheinlichkeit.

b) Beim 1. Glücksrad sind $\frac{3}{5}$ rot und $\frac{2}{5}$ blau gefärbt, beim 2. Glücksrad $\frac{1}{4}$ rot, $\frac{11}{20}$ grün und $\frac{1}{5}$ weiß.

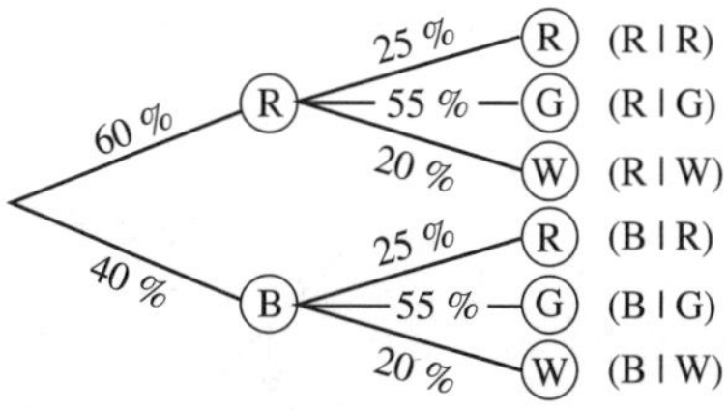

Das Ergebnis (B | W) hat die größte Wahrscheinlichkeit.

10. E_1: Mindestens einmal Wappen.
E_2: Bei jedem Wurf das gleiche Ergebnis.
E_3: Bei jedem Wurf unterschiedliches Ergebnis.

4.2 Pfadregeln

167 **2.** P*(Der Zeiger bleibt mindestens einmal auf dem roten Feld stehen)*
= 1 – P*(Der Zeiger bleibt keinmal auf dem roten Feld stehen)*

$$=1-\left(\frac{3}{4}\right)^3=1-\frac{27}{64}=\frac{37}{64}$$

168 **3.** (1) P(1. Person A, 2. Person B) = 0,43 · 0,41 = 0,1763; 17,63%
(2) P(1. Person 0, 2. Person $\overline{0}$) = 0,11 · 0,89 = 0,0979; 9,79%
(3) P(beide Personen gleiche Blutgruppe) = 0,3676; 36,76%
(4) P(mindestens 1 Person AB) = 1 – P(keine Person AB)
= 1 – 0,9025 = 0,0975; 9,75%

168

4. (1)

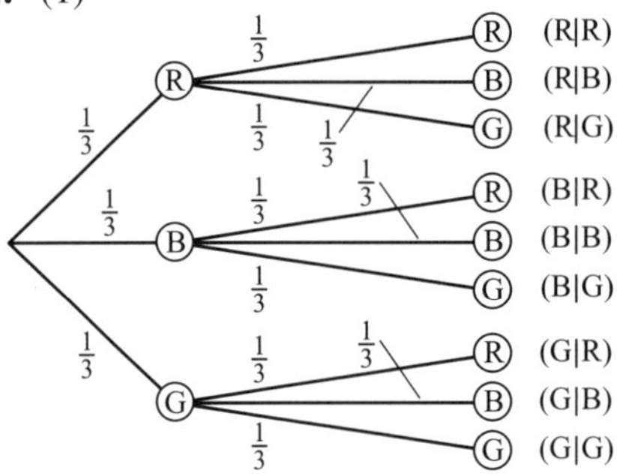

(2)

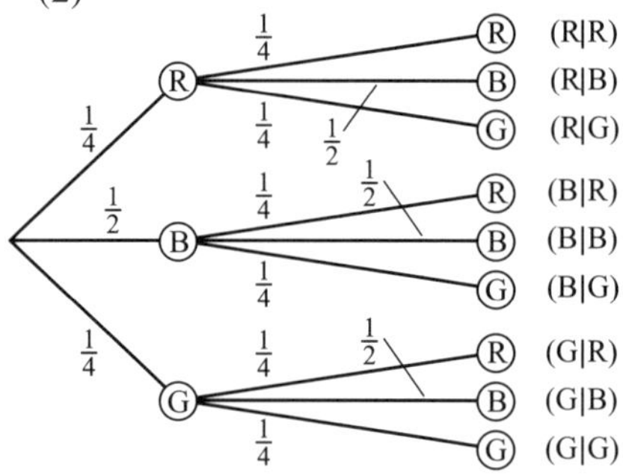

(3)

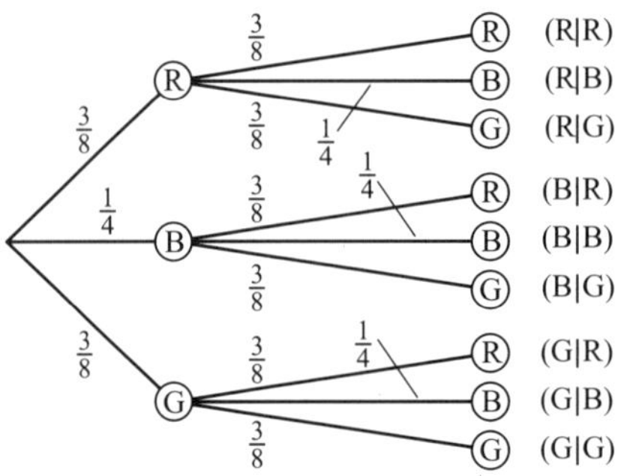

(4)

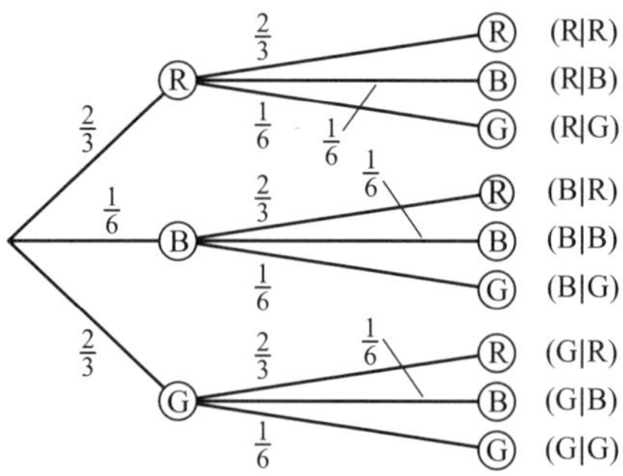

a) (1) P(rot | grün) $= \frac{1}{4} \cdot \frac{1}{4} = \frac{1}{16}$; 6,25%

(2) P(rot | grün) $= \frac{1}{3} \cdot \frac{1}{3} = \frac{1}{9}$; 11,11%

(3) P(rot | grün) $= \frac{3}{8} \cdot \frac{3}{8} = \frac{9}{64}$; 14,06%

(4) P(rot | grün) $= \frac{2}{3} \cdot \frac{1}{6} = \frac{1}{9}$; 11,11%

b) (1) P(zweimal dieselbe Farbe) $= \left(\frac{1}{4}\right)^2 + \left(\frac{1}{2}\right)^2 + \left(\frac{1}{4}\right)^2 = 0{,}375$; 37,5%

(2) P(zweimal dieselbe Farbe) $= \left(\frac{1}{3}\right)^2 + \left(\frac{1}{3}\right)^2 + \left(\frac{1}{3}\right)^2 = \frac{1}{3}$; 33,33%

(3) P(zweimal dieselbe Farbe) $= \left(\frac{3}{8}\right)^2 + \left(\frac{1}{4}\right)^2 + \left(\frac{3}{8}\right)^2 = \frac{11}{32}$; 34,375%

(4) P(zweimal dieselbe Farbe) $= \left(\frac{2}{3}\right)^2 + \left(\frac{1}{6}\right)^2 + \left(\frac{1}{6}\right)^2 = \frac{1}{2}$; 50%

c) Bei Glücksrad (4) ist die Wahrscheinlichkeit am höchsten und günstig, bei 2 Drehungen dieselbe Farbe zu bekommen.

168 **5. a)**

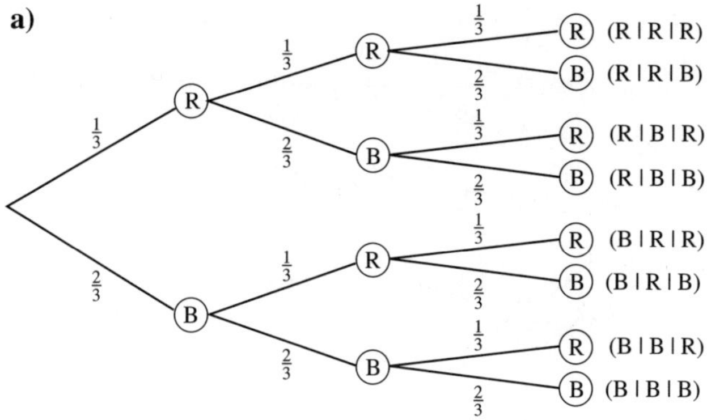

(1) $P(E) = P(R\,|\,R\,|\,R) = \frac{1}{3} \cdot \frac{1}{3} \cdot \frac{1}{3} = \frac{1}{27}$

(2) $P(E) = P(R\,|\,R\,|\,R) + P(B\,|\,B\,|\,B) = \frac{1}{3} \cdot \frac{1}{3} \cdot \frac{1}{3} + \frac{2}{3} \cdot \frac{2}{3} \cdot \frac{2}{3} = \frac{1}{27} + \frac{8}{27} = \frac{9}{27} = \frac{1}{3}$

(3) $P(E) = P(R\,|\,R\,|\,B) + P(R\,|\,B\,|\,R) + P(B\,|\,R\,|\,R)$

$= \frac{1}{3} \cdot \frac{1}{3} \cdot \frac{2}{3} + \frac{1}{3} \cdot \frac{2}{3} \cdot \frac{1}{3} + \frac{2}{3} \cdot \frac{1}{3} \cdot \frac{1}{3} = 3 \cdot \left(\frac{1}{3} \cdot \frac{1}{3} \cdot \frac{2}{3}\right) = \frac{2}{9}$

(4) $P(E) = P(R\,|\,R\,|\,R) + P(R\,|\,R\,|\,B) + P(R\,|\,B\,|\,R) + P(B\,|\,R\,|\,R)$

$= \frac{1}{27} + 3 \cdot \frac{2}{27} = \frac{7}{27}$

b) -

6.

(1) $\frac{1}{8}$	(3) $\frac{1}{2}$	(5) $\frac{1}{2}$	(7) $\frac{1}{4}$	(9) $\frac{1}{2}$
(2) $\frac{1}{8}$	(4) $\frac{7}{8}$	(6) 0	(8) $\frac{7}{8}$	(10) $\frac{1}{2}$

7. a)

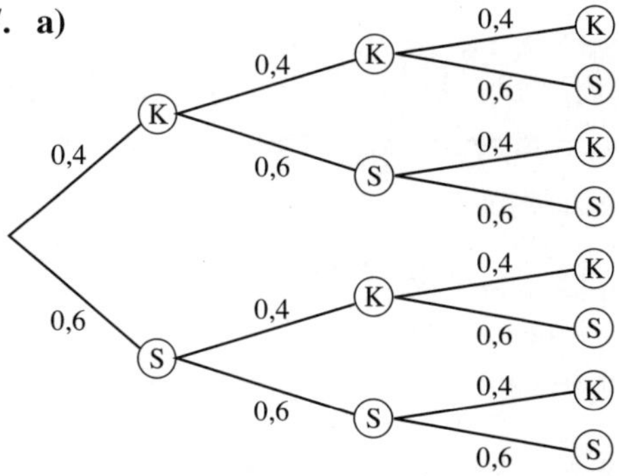

b) $0{,}4 \cdot 0{,}4 \cdot 0{,}6 = 0{,}096$

c) $0{,}4^3 + 3 \cdot 0{,}4^2 \cdot 0{,}6 = 0{,}352$

d) $0{,}4^3 + 0{,}6^3 = 0{,}283$

c) KKK $0{,}4^3$
KKS $0{,}4^2 \cdot 0{,}6$
KSK "
SKK "

169 **8.** -

9. a) $\frac{1}{2}$ **b)** $\frac{4}{9}$ **c)** $\frac{27}{64}$

10. $0{,}3 \cdot 0{,}5 \cdot 0{,}7 = 0{,}105$

169 **11. a)** -

b)

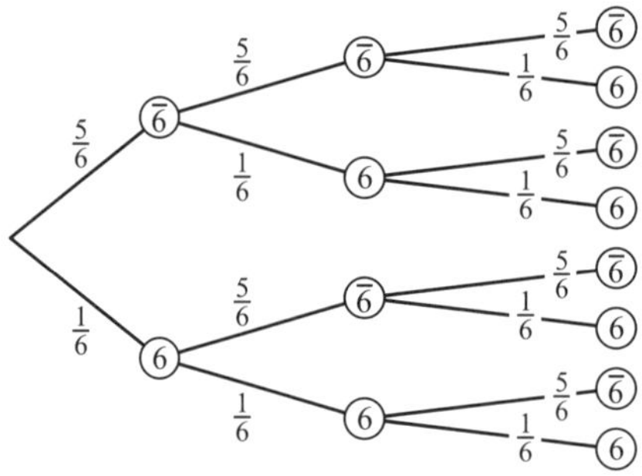

Die Wahrscheinlichkeit mit 3 Würfen keine „6“ zu würfeln beträgt:

$\left(\frac{5}{6}\right)^3 = 57{,}8\%$.

Es ist damit sogar wahrscheinlicher, als eine „6“ zu würfeln.

12. a)

	Ampel 1	Ampel 2	Ampel 3
Rotzeit	66,7%	75%	40%
Grünzeit	33,3%	25%	60%

b) 20,01% **c)** 3,33% **d)** 96,67% **e)** 28,32%

170 **13.** (1) Die Wahrscheinlichkeit „unter 20 Jahre alt“ und „Blutgruppe A“ beträgt 12%.

(2) Diese Schlussfolgerung ist richtig.

Begründung:

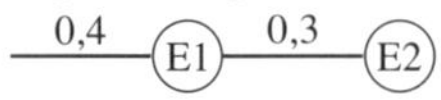

$(E_1 \mid E_2)$; $0{,}4 \cdot 0{,}3 = 0{,}12$

14. a) Für $\overline{E}$ gilt: $\left(\frac{1}{2}\right)^2 + \left(\frac{1}{3}\right)^2 + \left(\frac{1}{6}\right)^2 = \frac{7}{18}$; für E folgt: $1 - \frac{7}{18} = \frac{11}{18}$.

Das Ergebnis „zwei verschiedene Farben“ hat die Wahrscheinlichkeit $\frac{11}{18}$.

b) Für $\overline{F}$ gilt: $3 \cdot \left(\frac{1}{2} \cdot \frac{1}{3} \cdot \frac{1}{6}\right) = \frac{1}{12}$; für F folgt: $1 - \frac{1}{12} = \frac{11}{12}$.

Das Ereignis „Mindestens zwei Farben sind gleich“ hat die Wahrscheinlichkeit $\frac{11}{12}$.

15. a) (1) $\frac{3}{7} \cdot \frac{2}{6} + \frac{4}{7} \cdot \frac{3}{6} = \frac{3}{7}$ (2) $\frac{3}{6} \cdot \frac{2}{5} + \frac{3}{6} \cdot \frac{2}{5} = \frac{2}{5}$ (3) $\frac{6}{9} \cdot \frac{5}{8} + \frac{3}{9} \cdot \frac{2}{8} = \frac{1}{2}$

$\frac{2}{5} < \frac{3}{7} < \frac{1}{2}$

Maria sollte sich auf Spielregel (3) einlassen, da hier ihre Gewinnchance mit 50% am höchsten ist.

170 **15. b)** Die Gewinnchancen für Maria sind wie folgt:

(1) $\left(\frac{3}{7}\right)^2 + \left(\frac{4}{7}\right)^2 = \frac{25}{49}$; d. h. günstig für Maria.

(2) $\left(\frac{3}{6}\right)^2 + \left(\frac{3}{6}\right)^2 = \frac{1}{2}$; d. h. für beide die gleiche Gewinnchance.

(3) $\left(\frac{6}{9}\right)^2 + \left(\frac{3}{9}\right)^2 = \frac{5}{9}$; d. h. günstig für Maria.

$\frac{1}{2} < \frac{25}{49} < \frac{5}{9}$

16. a) (1) $8 \cdot 8 = 64$. Es sind 64 Ergebnisse möglich.
Es ist ein Laplace-Experiment, da jedes Kärtchen mit der gleichen Wahrscheinlichkeit gezogen wird.

(2) p(Zahl unter 20) $= \frac{8}{64} = \frac{1}{8}$; 12,5%

b) (1) $8 \cdot 7 = 56$. Es sind 56 Ergebnisse möglich.
Es ist immer noch ein Laplace-Experiment, da jedes Kärtchen mit der gleichen Wahrscheinlichkeit gezogen wird.

(2) p(Zahl unter 20) $= \frac{7}{56} = \frac{1}{8}$; 12,5%

c) Man hat 28 Ergebnisse und nur ein Ereignis, eine Zahl unter 30 zu ziehen.

p(Zahl unter 30) $= \frac{1}{28}$; 3,57%

171 **17. a)** P(zwei Herzkarten) $= \frac{8}{32} \cdot \frac{7}{31} = \frac{7}{124}$; 5,6%

b) P(2 gleiche Farben) $= 4 \cdot \left(\frac{8}{32} \cdot \frac{7}{31}\right) = \frac{7}{31}$; 22,6%

c) P(Herz und Karo) $= \left(\frac{8}{32} \cdot \frac{8}{32}\right) \cdot 2 = \frac{1}{8}$; 12,5%

18. a) Er kann keinen Chip besitzen, wenn er beide Spiele verliert. Wenn er ein Spiel gewinnt und eins verliert, kann er zwei Chips besitzen. Vier Chips kann er bei Gewinn beider Spiele besitzen.

b) p(0 Chips) = 0,2637
p(2 Chips) = 0,4996
p(4 Chips) = 0,2367

c) Wirklich „gewonnen“ hat Luiz nur, wenn er 4 Chips in der Hand hält, bei zwei Chips hat weder er noch die Bank gewonnen.
Vergleicht man nun echten Gewinn p = 0,2367 mit echtem Verlust p = 0,2637, ist die Wahrscheinlichkeit des Verlustes, d. h. des Gewinns der Bank, höher. Der Grund für diese Asymmetrie ist die „Null“, sie ist weder schwarz noch rot sondern grün. Bei „Null“ gewinnt die Bank alle schwarz-rot- und gerade-ungerade-Spiele.

19.
$$\begin{aligned} P(\text{mindestens einmal rot}) &= 1 - P(\text{keinmal rot}) \\ &= 1 - \left(\frac{3}{4}\right)^3 \\ &= \frac{37}{64} \approx 57{,}8\% \end{aligned}$$

171 **20.** **a)** $1-\left(\frac{1}{6}\right)^3 = \frac{215}{216} \approx 99{,}54\%$ **c)** $1-\left(\frac{1}{2}\right)^4 = \frac{15}{16} \approx 93{,}75\%$

b) $1-\left(\frac{1}{6}\right)^5 = \frac{7775}{7776} \approx 99{,}987\%$

21. **a)** Da Laura beginnt, gewinnt sie entweder sofort oder bekommt noch einmal die Chance, falls Katharina keine 1 würfelt. Da Katharina höchstens einmal die Chance zum Würfeln bekommt, liegt die Vermutung nahe, dass Laura die besseren Gewinnchancen hat.

Und tatsächlich die Gewinnchance von Laura ist mit $\frac{61}{216}$ gut doppelt so hoch wie die von Katharina mit $\frac{30}{216}$.

b) $\frac{1}{6}+\frac{1}{6}\cdot\left(\frac{5}{6}\right)^2 = \frac{61}{216} \approx 28{,}2\%$

c) $\left(\frac{5}{3}\right)^3 = \frac{125}{216} \approx 0{,}579 \approx 57{,}9\%$

Es müssen ungefähr 58 von 100 Spielen wiederholt werden.

172 **22.** Der Moderator hat Recht. Es gibt 24 Möglichkeiten, die 4 Begriffe zu ordnen. Davon ist aber nur eine Reihenfolge richtig.

P(richtige Reihenfolge) $= \frac{1}{24}$.

23. **a)** Die Pfadlänge des zugehörigen Baumdiagramms beträgt 6, da nacheinander 6 Kugeln gezogen werden. Im betreffenden Baumdiagramm ist nach der Wahrscheinlichkeit des Pfades (R | R | R | R | R | R) gefragt. (R bedeutet das Ziehen einer der richtigen Kugeln.) Bei der ersten Ziehung sind 6 von 49 Kugeln richtig. Die Wahrscheinlichkeit eine richtige Kugel zu ziehen, beträgt demnach $\frac{6}{49}$. Bei der zweiten Ziehung gibt es nur noch 5 richtige Kugeln von den verbleibenden 48 Kugeln, wenn bei der 1. Ziehung eine richtige Kugel gezogen wurde usw.

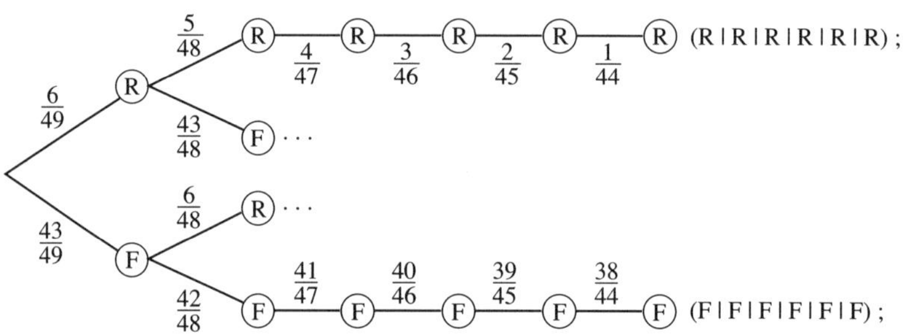

$P(R \mid R \mid R \mid R \mid R \mid R) = \frac{6}{49}\cdot\frac{5}{48}\cdot\frac{4}{47}\cdot\frac{3}{46}\cdot\frac{2}{45}\cdot\frac{1}{44}$

$P(F \mid F \mid F \mid F \mid F \mid F) = \frac{43}{49}\cdot\frac{42}{48}\cdot\frac{41}{47}\cdot\frac{40}{46}\cdot\frac{39}{45}\cdot\frac{38}{44}$

172 **23.** **b)** Siehe Teilaufgabe a). Jetzt wird die Wahrscheinlichkeit des Pfades (F | F | F | F | F | F) gesucht. (F bedeutet das Ziehen einer der falschen Kugeln.) In der ersten Ziehung gibt es 43 von 49 falschen Kugeln. In der zweiten Ziehung sind nur noch 42 von 48 Kugeln falsch, usw.

c) $\frac{100\,000\,000}{13\,983\,812} \approx 7 \quad \left[100\,000\,000 \cdot \frac{43}{49} \cdot \frac{42}{48} \cdot \frac{41}{47} \cdot \frac{40}{46} \cdot \frac{39}{45} \cdot \frac{38}{44} \approx 43\,596\,498\right]$

d) -

24. **a)** $\text{P(gerade Summe der Augenzahlen)} = \frac{18}{36} = \frac{1}{2}$

Bei 30 Doppelwürfen hat Martin mit $30 \cdot \frac{1}{2} = 15$ Gummibärchen zu rechnen.

b) $\text{P(ungerades Produkt der Augenzahlen)} = \frac{9}{36} = \frac{1}{4}$

Bei 50 Doppelwürfen hat Alexa mit $50 \cdot \frac{1}{4} = 12{,}5$ Gummibärchen zu rechnen.

25. **a)** $\text{P(beide Pumpen versagen)} = (0{,}0001)^2 = 0{,}00000001 \approx 0{,}000001\,\%$

b) $\text{P(beide Pumpen laufen korrekt)} = (0{,}9999)^2 = 0{,}9998 \approx 99{,}98\,\%$

c) $\text{P(beide Pumpen laufen einwandfrei)} = 0{,}9999 \cdot 0{,}99999 = 0{,}99989 \approx 99{,}99\,\%$

Der Wert steigt um 0,01%.

4.3 Aufgaben zur Vertiefung

173 **1.** **a)** (1) -

(2) Begründung mithilfe des Baumdiagramms:

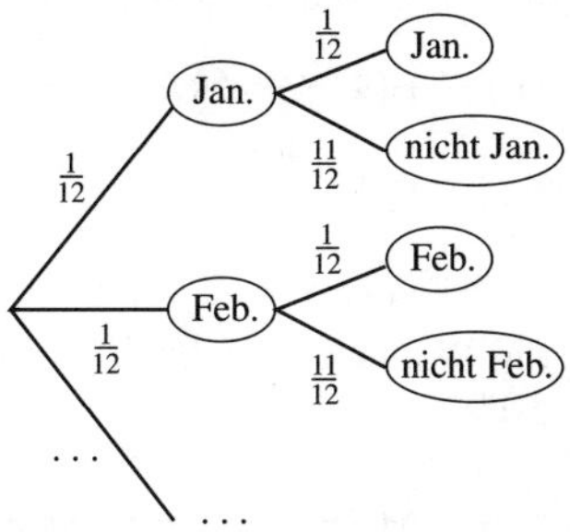

173 **1. a)** (2) Im ersten Schritt gilt, die Wahrscheinlichkeit eine Person zu ziehen, die in den Monaten Januar bis Dezember Geburtstag hat, beträgt gleich $1=\frac{12}{12}$. Im Baumdiagramm heißt das, jeder der zwölf möglichen Pfade kann im ersten Schritt genommen werden.
Im zweiten Schritt gibt es dann nur noch elf mögliche Pfade, da der im ersten Schritt gezogene Monat nicht noch einmal vorkommen soll. Die Wahrscheinlichkeit einen der anderen elf Monate zu ziehen, beträgt demnach $11\cdot\frac{1}{12}=\frac{11}{12}$. Mit jedem weiteren Schritt verringert sich die Zahl der möglichen Monate um eins. Jeder Pfad hat die Länge sechs. Damit ergibt sich:
$P(E)=\frac{12}{12}\cdot\frac{11}{12}\cdot\frac{10}{12}\cdot\frac{9}{12}\cdot\frac{8}{12}\cdot\frac{7}{12}=\frac{385}{1728}\approx 22{,}28\%$

(3) $P\left(\overline{E}\right)=1-P(E)\approx 77{,}72\%$

b) (1) $P\left(\overline{E}\right)=\frac{365}{365}\cdot\frac{364}{365}\cdot\frac{363}{365}\cdot\ldots\cdot\frac{356}{365}$ (10 Faktoren) $\approx 88{,}31\%$

$P(E)\approx 11{,}62\%$

(2) $P\left(E_{15}\right)\approx 25{,}29\%$

$P\left(E_{20}\right)\approx 41{,}14\%$

$P\left(E_{25}\right)\approx 56{,}87\%$

2. a) (1) $P\left(\overline{E}_6\right)\approx 43{,}6\%$; $P\left(E_6\right)\approx 56{,}4\%$

$P\left(\overline{E}_5\right)\approx 58{,}1\%$; $P\left(E_5\right)\approx 41{,}9\%$

$P\left(E_5\right)<50\%<P\left(E_6\right)$, d. h. der Ikosaeder muss sechsmal geworfen werden, damit die Wahrscheinlichkeit zweimal die gleiche Augenzahl größer als 50% ist.

(2) Für $\overline{E}$: „Augenzahl 1 ist keinmal gefallen“ gilt: $P\left(\overline{E}_n\right)=\left(\frac{19}{20}\right)^n$

$P\left(\overline{E}_{14}\right)\approx 48{,}8\%$; $P\left(E_{14}\right)\approx 51{,}2\%$

$P\left(\overline{E}_{13}\right)\approx 51{,}3\%$; $P\left(E_{13}\right)\approx 48{,}7\%$

$P\left(E_{13}\right)<50\%<P\left(E_{14}\right)$, d. h. der Ikosaeder muss 14-mal geworfen werden, damit die Wahrscheinlichkeit mindestens eine Eins zu werfen, größer als 50% ist.

b) „Augenzahl“ entspricht „Monat“ in Aufgabe 1 „gleiche Augenzahl gewürfelt“ entspricht „im selben Monat geboren“. Im Gegensatz zur Aufgabe 1 wird hier aber nicht die Anzahl der Würfe (bzw. Personen) vorgegeben und nach der Wahrscheinlichkeit gefragt, sondern es wird eine Wahrscheinlichkeit vorgegeben und die Anzahl der Würfe gesucht.

173 3. a) $1-0,87^5 \approx 50,2\%$

b) $1-0,87^n > 90\%;\ n > 16$
Es sind mindestens 17 Spender notwendig.

4. a) P(Alexander verliert) $= \left(\frac{5}{6}\right)^6 = 0,3349$
Alexander hat bis dahin 60 Cent an Boris gezahlt.

b) Boris gewinnt:
$\frac{5}{6} \cdot 0{,}10\text{ €} + \frac{5^2}{6^2} \cdot 0{,}20\text{ €} + \frac{5^3}{6^3} \cdot 0{,}30\text{ €} + \frac{5^4}{6^4} \cdot 0{,}40\text{ €} +$
$+ \frac{5^6}{6^6} \cdot 0{,}60\text{ €} = 0{,}9906\text{ €}$
Boris kann mit einem durchschnittlichen Gewinn von 99 Cent rechnen.

c) Ein Spiel ist fair, wenn die Gewinnerwartung so hoch ist wie der Einsatz bzw. beide Spiele die gleiche Gewinnerwartung haben.
Gewinnerwartung für Alexander, wenn Boris 1,80 € anstatt 1 € auszahlen würde:
$\frac{1}{6} \cdot 1{,}70\text{ €} + \frac{5}{6^2} \cdot 1{,}60\text{ €} + \frac{5^2}{6^3} \cdot 1{,}50\text{ €} + \frac{5^3}{6^4} \cdot 1{,}40\text{ €} + \frac{5^4}{6^5} \cdot 1{,}30\text{ €} +$
$+ \frac{5^5}{6^6} \cdot 1{,}20\text{ €} = 0{,}999\text{ €}$
Würden die Spielregeln beibehalten werden und Boris 1,80 € im Gewinnfall an Alexander auszahlen, hätten beide die gleiche Gewinnerwartung.

Im Blickpunkt: Klassische Probleme aus der Geschichte der Wahrscheinlichkeitsrechnung

174 1. $P(E_1) = \left(\frac{5}{6}\right)^4 = 0{,}482$ $\qquad P(\overline{E}_1) = 0{,}518$

$P(E_2) = \left(\frac{35}{36}\right)^{24} = 0{,}509$ $\qquad P(\overline{E}_2) = 0{,}491$

P(mindestens eine Sechs in 4 Würfen) = 0,518 > 0,491 = P(mindestens ein Sechser-Pasch in 24 Würfen)

2. Ansatz: Das Spielergebnis der ausstehenden Spiele wird durch Münzwurf entschieden.

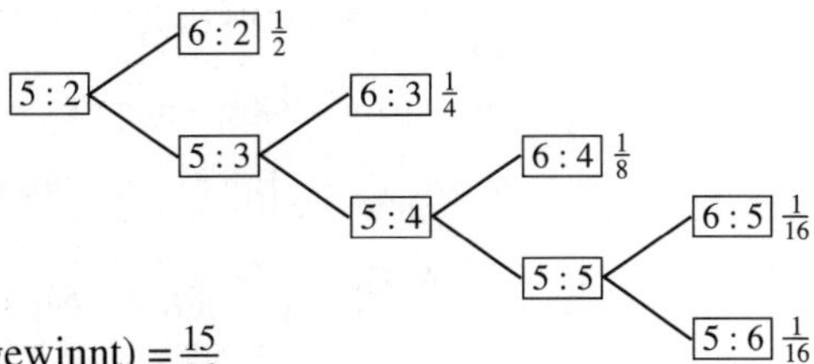

P(die führende Mannschaft gewinnt) $= \frac{15}{16}$

P(die zurückliegende Mannschaft gewinnt) $= \frac{1}{16}$

174 **3.** $\frac{1}{2}\cdot 1+\frac{1}{4}\cdot 2+\frac{1}{8}\cdot 3+\frac{1}{8}\cdot 4=1{,}875$
Im Mittel dauert das Spiel noch 1,875 Runden.

175 **4.** Zur Augensumme 7 gehören die Ergebnisse $E_7=\{16, 25, 34, 43, 52, 61\}$,
also $P(E_7)=\frac{6}{36}$ entsprechend.

$E_{11}=\{56, 65\}$, also $P(E_{11})=\frac{2}{36}$

$E_{12}=\{66\}$, also $P(E_{12})=\frac{1}{36}$

Augensumme	2	3	4	5	6	7	8	9	10	11	11
Wahrscheinlichkeit	$\frac{1}{36}$	$\frac{2}{36}$	$\frac{3}{36}$	$\frac{4}{36}$	$\frac{5}{36}$	$\frac{6}{36}$	$\frac{5}{36}$	$\frac{4}{36}$	$\frac{3}{36}$	$\frac{2}{36}$	$\frac{1}{36}$

5. Das Ereignis „eine Sechs in 3 Würfen“ bedeutet:
E: „**mindestens** eine Sechs in 3 Würfen“

Gegenereignis: $\overline{E}$: „keine Sechs in 3 Würfen“ $P(\overline{E})=\left(\frac{5}{6}\right)^3=0{,}579$, also

$P(E)=0{,}421$.
Es lohnt sich nicht, auf das Ereignis zu wetten.

6. $E_9=\{126, 135, 144, 153, 162, 216, 225, 234, 243, 252, 261, 315, 324, 333, 342, 351, 414, 423, 432, 441, 513, 522, 531, 612, 621\}$

$P(E_9)=\frac{25}{216}$

$E_{10}=\{136, 145, 154, 163, 226, 235, 244, 253, 262, 316, 325, 334, 343, 352, 361, 415, 424, 433, 442, 451, 514, 523, 532, 541, 613, 622, 631\}$

$P(E_{10})=\frac{27}{216}$

7. 32 Karten: $\frac{8}{32}\cdot\frac{8}{31}\cdot\frac{8}{30}\cdot\frac{8}{29}$ ist die Wahrscheinlichkeit für eine bestimmte Reihenfolge, z. B. Kreuz – Pik – Herz – Karo
Es gibt 24 verschiedene Reihenfolgen, daher hat das gesuchte Ereignis die Wahrscheinlichkeit $24\cdot\frac{8^4}{32\cdot 31\cdot 30\cdot 29}=0{,}114$
Damit die Wette fair ist, müssen die Gewinnerwartungswerte gleich sein. Wenn x_B der Einsatz von B ist, dann muss also für den Einsatz x_A von A gelten:

$0{,}114x_B=0{,}886x_A$

$x_B=\frac{0{,}886}{0{,}114}x_A$.

Bei einem Einsatz von $x_A=1$ € ergibt sich $x_B\approx 7{,}77$ €.

52 Karten: $24\cdot\frac{13^4}{52\cdot 51\cdot 50\cdot 49}=0{,}1055$
Auszahlung: $x\approx 8{,}48$ €

175

8. 3 Karten: mögliche Reihenfolgen
$\underline{1}\underline{2}\underline{3}$, $\underline{1}32$, $21\underline{3}$, $\boxed{231}$, $\boxed{312}$, $3\underline{2}1$
(unterstrichene Zahlen: Nummer der Ziehung stimmt mit der Nummer auf der Karte überein)
In zwei von sechs Fällen gibt es keine Übereinstimmung, d. h. die Wahrscheinlichkeit beträgt $\frac{1}{3}$.

4 Karten: 1234, 1243, 1324, 1342, 1423, 1432, 2134, $\boxed{2143}$, 2314, $\boxed{2341}$, $\boxed{2413}$, 2431, 3124, $\boxed{3142}$, 3214, 3241, $\boxed{3412}$, $\boxed{3421}$, $\boxed{4123}$, 4132, 4213, 4231, $\boxed{4312}$, $\boxed{4321}$

In neun von 24 Fällen gibt es keine Übereinstimmung, d. h. die Wahrscheinlichkeit beträgt $\frac{9}{24} = \frac{3}{8}$.

9. (1)

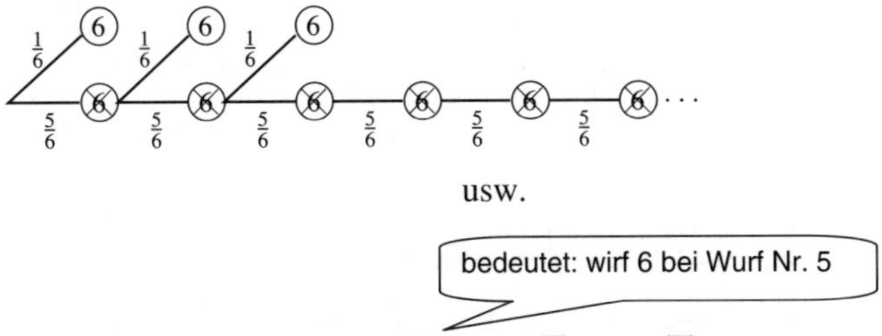

$$P(\text{A gewinnt}) = \overset{\boxed{1}}{\frac{1}{6}} + \overset{\boxed{3}}{\left(\frac{5}{6}\right)^2 \cdot \frac{1}{6}} + \overset{\boxed{5}}{\left(\frac{5}{6}\right)^4 \cdot \frac{1}{6}} + \overset{\boxed{7}}{\left(\frac{5}{6}\right)^6 \cdot \frac{1}{6}} + \overset{\boxed{9}}{\left(\frac{5}{6}\right)^8 \cdot \frac{1}{6}} = 0{,}457$$

$$P(\text{B gewinnt}) = \overset{\boxed{2}}{\left(\frac{5}{6}\right) \cdot \frac{1}{6}} + \overset{\boxed{4}}{\left(\frac{5}{6}\right)^3 \cdot \frac{1}{6}} + \overset{\boxed{6}}{\left(\frac{5}{6}\right)^5 \cdot \frac{1}{6}} + \overset{\boxed{8}}{\left(\frac{5}{6}\right)^7 \cdot \frac{1}{6}} + \overset{\boxed{10}}{\left(\frac{5}{6}\right)^9 \cdot \frac{1}{6}} = 0{,}381$$

also P(keiner gewinnt) = 0,162

$$\text{(2) } P(\text{A gewinnt}) = \overset{\boxed{1}}{\frac{1}{6}} + \overset{\boxed{3}}{\left(\frac{5}{6}\right)^2 \cdot \frac{1}{6}} + \overset{\boxed{4}}{\left(\frac{5}{6}\right)^3 \cdot \frac{1}{6}} + \overset{\boxed{7}}{\left(\frac{5}{6}\right)^6 \cdot \frac{1}{6}} + \overset{\boxed{8}}{\left(\frac{5}{6}\right)^7 \cdot \frac{1}{6}} + \overset{\boxed{9}}{\left(\frac{5}{6}\right)^8 \cdot \frac{1}{6}} = 0{,}520$$

$$P(\text{B gewinnt}) = \overset{\boxed{2}}{\left(\frac{5}{6}\right) \cdot \frac{1}{6}} + \overset{\boxed{5}}{\left(\frac{5}{6}\right)^4 \cdot \frac{1}{6}} + \overset{\boxed{6}}{\left(\frac{5}{6}\right)^5 \cdot \frac{1}{6}} + \overset{\boxed{10}}{\left(\frac{5}{6}\right)^9 \cdot \frac{1}{6}} = 0{,}318$$

P(keiner gewinnt) = 0,162

$$\text{(3) } P(\text{A gewinnt}) = P\left(\boxed{1}\right) + P\left(\boxed{4}\right) + P\left(\boxed{5}\right) + P\left(\boxed{6}\right) = 0{,}410$$

$$P(\text{B gewinnt}) = P\left(\boxed{2}\right) + P\left(\boxed{3}\right) + P\left(\boxed{7},\ \boxed{8},\ \boxed{9},\ \boxed{10}\right) = 0{,}428$$

P(keiner gewinnt) = 0,162

Bleib fit im Umgang mit dem Dreisatz

177

1. **a)** 36 kg; 52 kg; 26 kg; 117 kg
b) 1 000 kg; 500 kg; 5 000 kg; 250 kg

2. 72 mm; 108 mm; 144 mm; 18 mm; 24 mm

178

3.

Volumen (in ℓ)	10	50	40	26	36
Preis (in €)	11,99	59,95	47,96	31,17	43,164

4. 50 g Speck; $3\frac{1}{3}$ Kartoffeln

5. **a)** 20 Stunden **b)** 5 Pumpen

6. **a)** 400 Schraubkrallen = 4 Pakete **b)** 41,25 m^2

7. noch weitere 8 Minuten

8. **a)** 9 m über dem Eingang **b)** 15,3 m über dem Eingang

9. **a)** 30 000 alte Flaschen bzw. 2 500 alte Kästen.
b) 16 800 neue Flaschen bzw. 2 100 neue Kästen.
c) 1 000 alte Kästen ≙ 700 ℓ
1 000 neue Kästen ≙ 1 250 ℓ

10. **a)** 320 $\frac{km}{h}$ **b)** 2 h und 53 min 20 s

11. Da bei einem Marathon die Durchschnittsgeschwindigkeit variiert und geringer sein wird als bei dem Halbmarathon.

5. Lineare Funktionen

Lernfeld: Eindeutig gerade

180 **1. Auftrag: Windmessungen**
Die Schülerinnen und Schüler sollen aus beiden ungewohnten Graphen Informationen entnehmen und feststellen, dass es sich hier um nicht eindeutige Zuordnungen handelt. Zu verschiedenen Zeiten gibt es die gleichen Windstärken bzw. Windrichtungen.
1. Punkt: Im linken Graphen sind die Windgeschwindigkeiten und im rechten die Windrichtungen in Beziehung zur Uhrzeit abgetragen.
2. Punkt: Die höchste Windgeschwindigkeit wurde um ca. 21.15 Uhr mit 46 km/h und die geringste um 19.15 Uhr mit 4 bis 5 km/h gemessen.
3. Punkt: Die vorherrschende Windrichtung ist aus Süd-West, da in dem Bereich zwischen 180° und 270° die meisten Aufzeichnungen sind.

181 **2. Auftrag: Experimente mit Münzen**
Die Schülerinnen und Schüler sollen aus beiden Experimenten Informationen entnehmen und feststellen, dass es sich hier um eindeutige aber unterschiedliche Zuordnungen handelt.
So ergibt das Experiment Kipplineal Wertepaare, die auf einer Kurve liegen, die dem Graphen einer umgekehrt proportionalen Zuordnung entspricht. Je weniger das Lineal übersteht, umso mehr Geldstücke muss man benutzen, bei 20 Geldstücken muss das Lineal weniger überstehen als bei 15 Geldstücken.
Das Experiment Gummiband ergibt Wertepaare, die auf einer Geraden liegen. Es handelt sich um eine proportionale Zuordnung. Je mehr Münzen man verwendet, umso mehr länger wird das Gummiband bzw. je weiter liegt der Knoten von der Nullmarke entfernt, bei 15 Geldstücken dehnt sich das Gummi weniger aus als bei 20.

3. Auftrag: Temperaturen in der Höhe
1. Punkt: Auf der x-Achse sind die Höhenangaben und auf der y-Achse die Temperaturen abgetragen. Auf der x-Achse entspricht eine Einheit 100 m und auf der y-Achse eine Einheit 2°.
Im Sommer ändert sich die Temperatur schneller mit dem Höhenunterschied als im Dezember, denn der Graph für die Temperaturen im Dezember fällt langsamer als im Juli. Dies ist auch an der Verdichtung der Lage der Punkte um die x-Achse zu erkennen.
Im Juli verändert sich die Temperatur bei 1000 m Höhenunterschied um etwa 6°, im Dezember um ca. 3°.
2. Punkt: Die Temperaturen in verschiedenen Höhen:

Höhe in Metern	2000	2500	Zugspitze 2962
Temperatur im Dezember in °C	–6	–8	–9
Temperatur im Juli in °C	7	4	1

181 *3. Punkt:* Die 0°-Grenze liegt im Juli bei etwa 3200 m und im Dezember bei etwa 400 m. Der Wert ist schlecht abzulesen, da hier viele Punkte eng beisammen liegen.
4. Punkt: In den beiden folgenden Grafiken sind auf der x-Achse die Höhenangaben und auf der y-Achse die Temperaturen abgetragen. Auf der x-Achse entspricht eine Einheit 100 m und auf der y-Achse eine Einheit 1°.

Temperaturen im Dezember

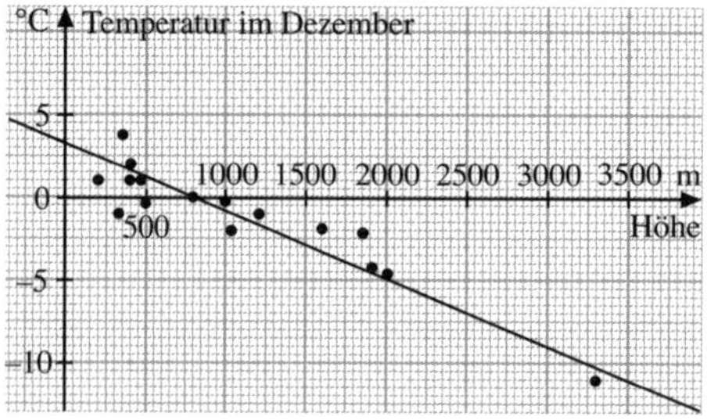

Temperaturen im Juli

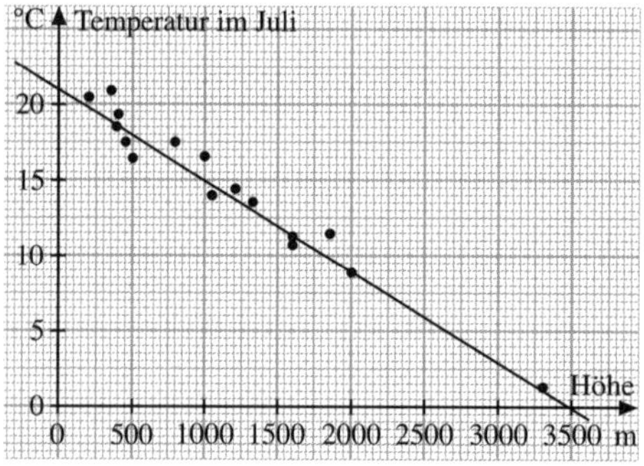

5. Punkt: Im Vergleich ist bei beiden Stationen die Temperaturabnahme mit der Höhe im Dezember geringer als im Sommer.
In der Schweiz scheinen beide die Veränderungen jedoch in beiden Monaten etwas stärker zu sein als in Bayern.

4. Auftrag: Rückblick
Keine Lösungen.

5.1 Funktionen als eindeutige Zuordnungen

185 **3. a)** $f(0) = 0$; $f(3) = 3$; $f(4) = 0$; $f\left(\frac{2}{5}\right) = 1{,}44$; $f(4{,}5) = -2{,}25$; $f(-7) = -77$;

$f(-0{,}5) = -2{,}25$; $f\left(-\frac{3}{7}\right) = -1\frac{44}{49} \approx -1{,}9$

b) $g(z) = \frac{z}{z-1}$

$g(2) = 2$; $g(-1) = \frac{1}{2}$; $g(0) = 0$; $g\left(\frac{1}{2}\right) = -1$; $g\left(-\frac{1}{3}\right) = \frac{1}{3}$; $g(1{,}1) = 11$;

$g(-99) = 0{,}99$

4. a) (1) Funktion (2) Funktion (3) keine Funktion

b) (1) (2) (3)

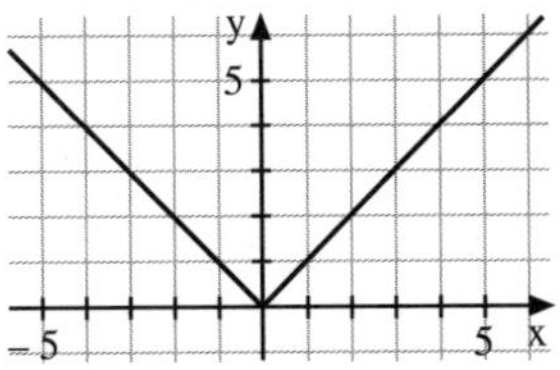

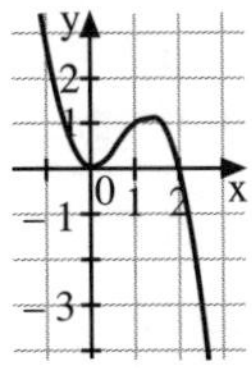

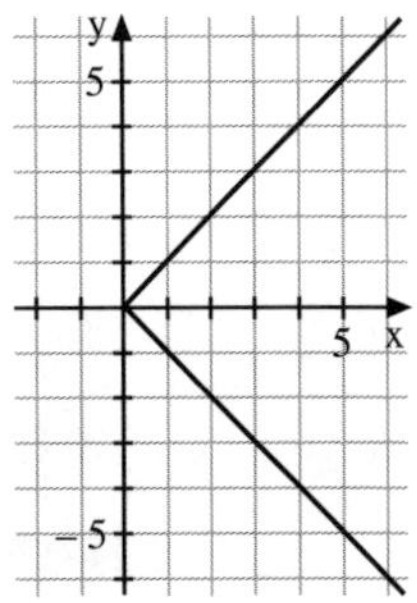

5. a) P_1; P_2; P_4; P_6 sind Element der Funktion

b) P_2; P_4 sind Element der Funktion

c) P_4; P_5 sind Element der Funktion

186 **6.** -

7. a)

Zeit	0	4	8	12	16	20	24
Temperatur (in °C)	4	−3	−3	3	3	2	1

Die Zuordnung ist eindeutig, also eine Funktion.

b) 1°C bei 1.30 Uhr, 10.30 Uhr, 24.00 Uhr

Die Zuordnung Lufttemperatur → Zeit ist keine eindeutige Zuordnung, weil zu einer Temperatur mehrere Zeitpunkte existieren.

8. a) Ja; zu jedem $x \in D$ existiert genau ein Funktionswert y.

b) Nein; zum Wert $x = 1$ existieren unendlich viele Funktionswerte y.

c) Ja; zu jedem $x \in D$ existiert genau ein Funktionswert y.

d) Nein; es gibt Elemente $x \in D$ zu denen 2 Funktionswerte y gehören.

187

9. **a)** Nein **b)** Ja **c)** Ja **d)** Nein

10. **a)**

Seitenlänge a (in cm)	0,5	1	1,5	2	x
Flächeninhalt a^2 (in cm²)	0,25	1	2,25	4	x^2

Es liegt eine Funktion vor. $x \in \mathbb{Q}_+$

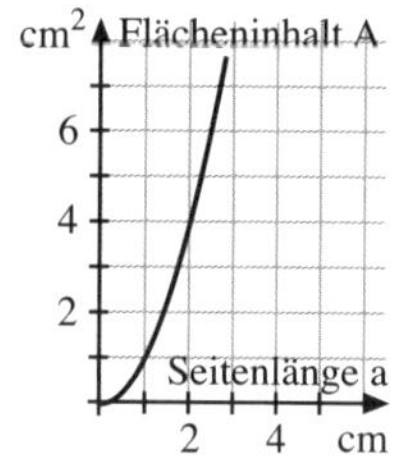

b) Die Zuordnung $x \to x^2$ ist eine Funktion.

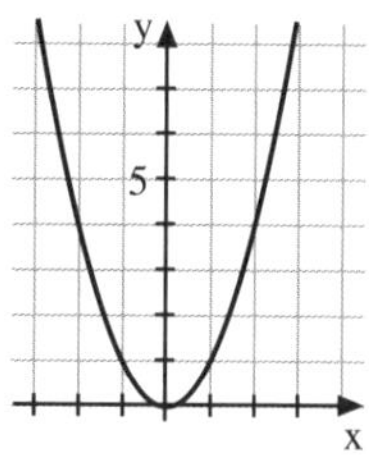

11. **a)** $A = x \cdot y \to x \cdot y = 6\ \text{cm}^2$
[x: Länge in cm; y: Breite in cm]
$y = \frac{6\ \text{cm}^2}{x}$
Es liegt eine Funktion vor ($a \neq 0$).

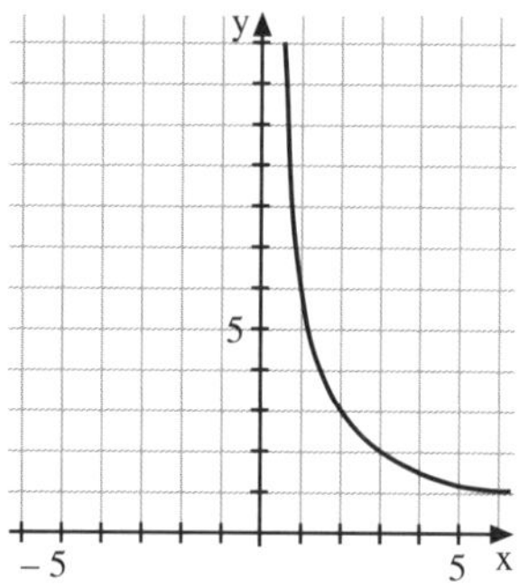

b)

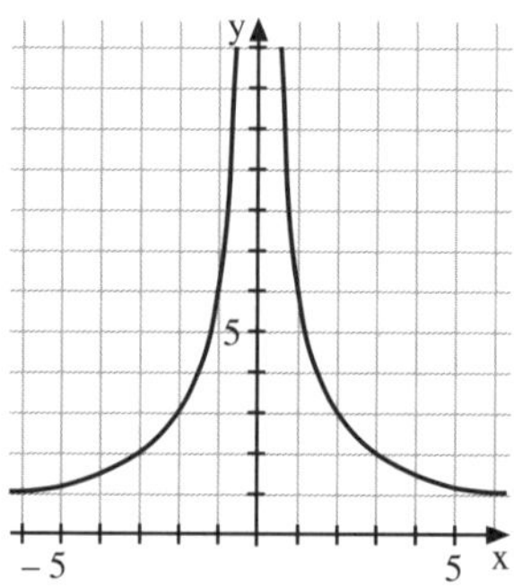

12. **a)** Die Geschichte passt zu Graph (1).
b) Z. B. Jan ist extra schnell zur Schule gegangen, bis er auf dem Weg einen Freund getroffen hat. Zusammen haben sie zunächst getrödelt, bis sie bemerkt haben, dass sie fast zu spät kommen. Sie sind dann extra schnell gegangen und doch noch rechtzeitig angekommen.
c) -

188 **13.** (a) und (2) (b) und (1) (c) und (4) (d) und (3) (e) und (5)
Die Graphen geben den Verlauf nur angenähert wieder.

14. (1)

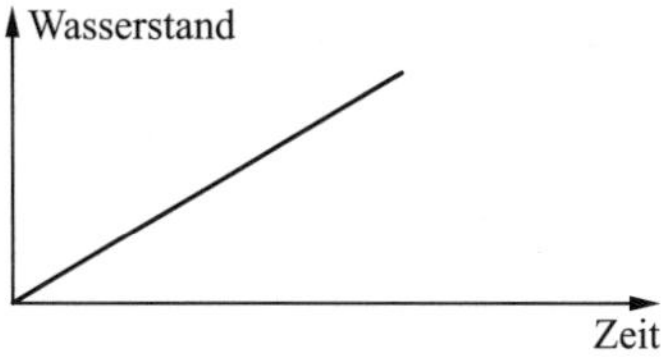

(2)

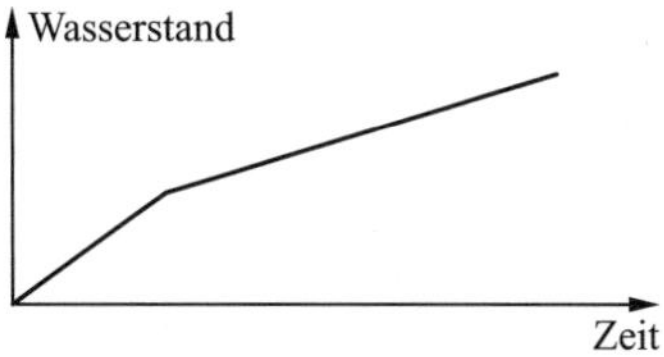

15. a)

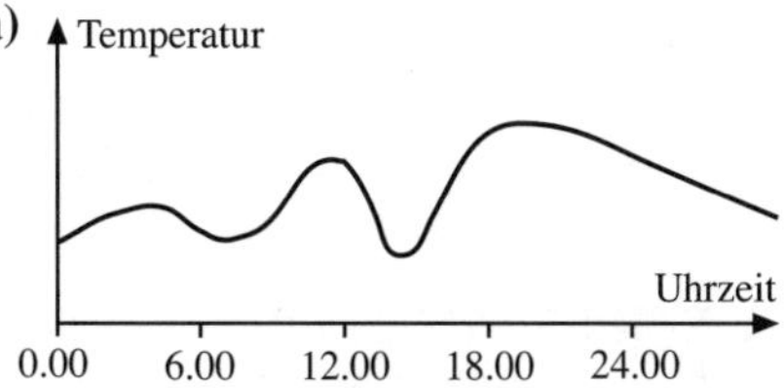

b)

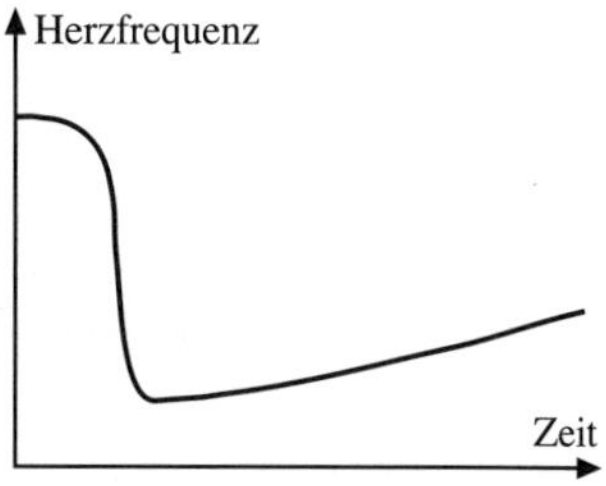

16. a)

x	−3	−2	−1	0	1	2
$y = 2x - 1$	−7	−5	−3	−1	1	3

x	3	4	5	6	7	8
$y = 2x - 1$	5	7	9	11	13	15

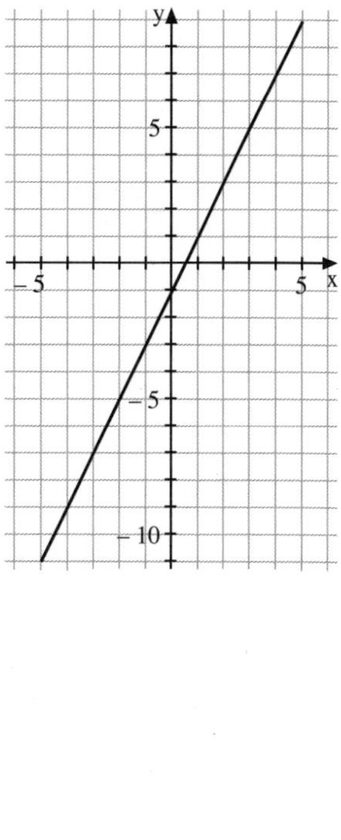

188

16 b)

x	−3	−2	−1	0	1	2
$y = x^2 - 2$	7	2	−1	−2	−1	2

x	3	4	5	6	7	8
$y = x^2 - 2$	7	14	23	34	47	62

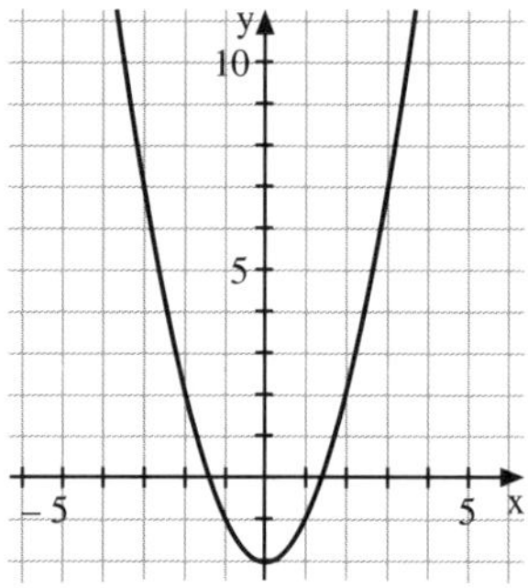

c)

x	−3	−2	−1	0	1	2
$y = x(2 + x)$	3	0	−1	0	3	8

x	3	4	5	6	7	8
$y = x(2 + x)$	15	24	35	48	63	80

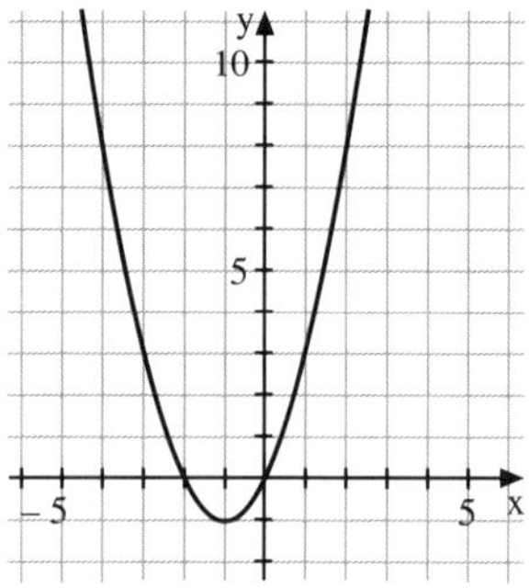

17. a) (1)

x	−2	−1	0	1	2
f(x)	−8	−4	0	4	8

(2) $f(0{,}4) = 1{,}6$; $\quad f\left(-\frac{4}{5}\right) = -3{,}2$;

$f(1{,}5) = 6$; $\quad f(-1{,}5) = -6$

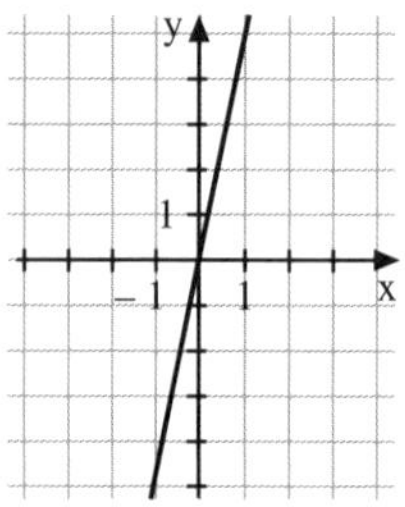

b) (1)

x	−2	−1	0	1	2
f(x)	0	0,5	1	1,5	2

(2) $f(0{,}4) = 1{,}2$; $\quad f\left(-\frac{4}{5}\right) = 0{,}6$;

$f(1{,}5) = 1{,}75$; $\quad f(-1{,}5) = 0{,}25$

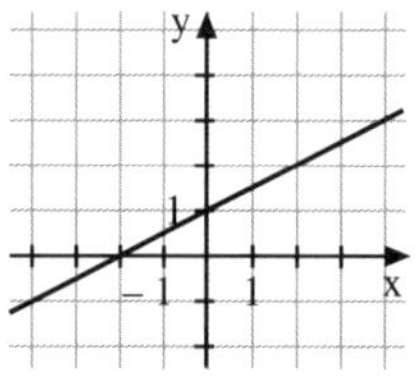

c) (1)

x	−2	−1	0	1	2
f(x)	−4	−1	0	−1	−4

(2) $f(0{,}4) = -0{,}16$; $\quad f\left(-\frac{4}{5}\right) = -0{,}64$;

$f(1{,}5) = -2{,}25$; $\quad f(-1{,}5) = -2{,}25$

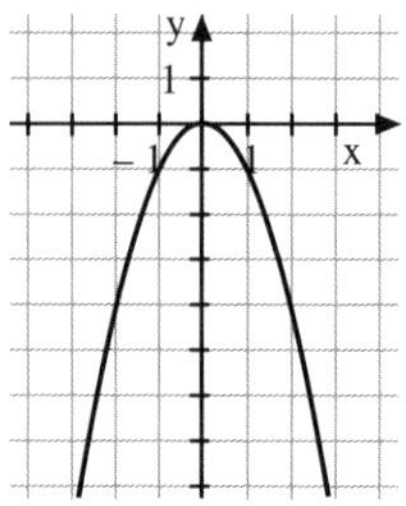

188 **17. d)** (1)

z	−2	−1	0	1	2
f(z)	9	4	1	0	1

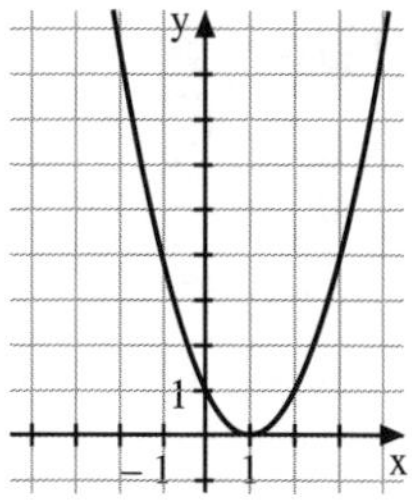

(2) $f(0{,}4) = 0{,}36$; $f\left(-\frac{4}{5}\right) = 3{,}24$;
$f(1{,}5) = 0{,}25$; $f(-1{,}5) = 6{,}25$

18. P_2, P_3 gehören zur Funktion $y = -\frac{2}{5}x$
[P_5, P_7 gehören zur Funktion $y = 5 - x^2$]

Im Blickpunkt: Graphen zeichnen mit Computer und GTR

189 **1.** -

2. -

190 **3.** -

4. -

5. -

6. -

7. -

5.2 Proportionale Funktionen

5.2.1 Graph proportionaler Funktionen

193 **2.** Da Preise nicht negativ sind ist der Graph eine Gerade durch O (0 | 0) und **a)** P (4 | – 5), **b)** P (1 | –3), **c)** P (1 | –1), **d)** P (4 | –3)
Auch hier gilt: Wenn man eine Stelle x verdoppelt, so verdoppelt sich auch der Funktionswert.

3. a) (1) Der Benzinpreis beträgt immer 1,10 € pro Liter.
(2) Die Zuordnung ist proportional: $y = 1{,}1x$
mit y: Preis (in €) und x: Benzinvolumen (in ℓ)

b) Als Quotienten erhält man 1,8 in (1) und –0,4 in (2). Der Quotient ist gleich m, denn $\frac{y}{x} = \frac{mx}{x} = m$.
Für x = 0 ist der Quotient nicht definiert, da man durch 0 nicht dividieren darf.

193

4. a)

x	y
0	0
1	2
2	4
3	6
4	8
5	10
6	12
7	14

$y = 2x$, y: Preis (in €),
x: Menge (in kg)
Der Graph ist eine Halbgerade von O (0 | 0) durch den Punkt P (5 | 10).

b) Der Graph ist die Gerade durch O(0 | 0) und P(5 | 10).

194

5. a)

Geschwindigkeit (in $\frac{km}{h}$)	10	20	30	40	50	60	70	80	90	100
Reaktionsweg (in m)	3	6	9	12	15	18	21	24	27	30

Die Größen sind proportional zueinander.

b)

Geschwindigkeit (in $\frac{km}{h}$)	10	20	30	40	50	60	70	80	90	100
Bremsweg (in m)	1	4	9	16	25	36	49	64	81	100

Die Größen sind nicht proportional zueinander.

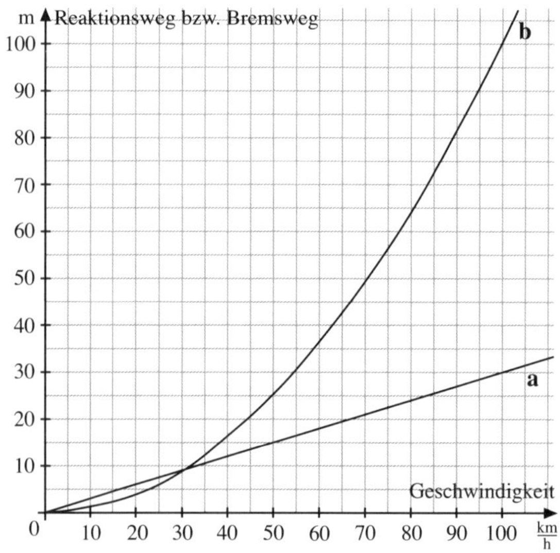

194 **6.** Druckfehler in der 1. Auflage in b): 30 cm lang, 20 cm breit statt 90 cm lang, 60 cm breit.

a) y = 3x [y = 1,2x], y: Wasservolumen (in ℓ), x: Zeit (in min)

x	0	1	2	3	4	5	6	7	8	9	10
y = 3x	0	3	6	9	12	15	18	21	24	27	30
y = 1,2x	0	1,2	2,4	3,6	4,8	6,0	7,2	8,4	9,6	10,8	12,0

Da das Wasservolumen nicht negativ ist, ist der Graph eine Halbgerade von O (0 | 0) durch Punkt P (10 | 30) [P (10 | 12)].

b) z = 0,5x [z = 0,2x], z = Wasserhöhe (in dm), x = Zeit (in min)

x	0	1	2	3	4	5	6	7	8	9	10
z = 0,5x	0	0,5	1	1,5	2	2,5	3	3,5	4	4,5	5
z = 0,2x	0	0,2	0,4	0,6	0,8	1,0	1,2	1,4	1,6	1,8	2,0

Der Graph ist eine Halbgerade vom Punkt O (0 | 0) durch den Punkt P (10 | 5) [P (10 | 2)].

7. a) y = 0,2x, y: Preisnachlass (in €), x: alter Preis (in €)
b) z = 0,8x, z: neuer Preis (in €), x: alter Preis (in €)
Beide Zuordnungen sind proportional. Die grafische Darstellung ist jeweils eine Halbgerade von O (0 | 0) mit der Steigung m = 0,2 bzw. m = 0,8 durch die Punkte P_1 (10 | 2) bzw. P_2 (10 | 8).

8. a) (1) y = 2,5x; Halbgerade von O (0 | 0) durch den Punkt P (2 | 5)
(2) P_3 liegt auf dem Graphen.
(3) P_1 (2 | 5); P_2 (−1 | −2,5); P_3 (2,4 | 6); P_4 (−1,2 | −3)
(4) f (40) = 100; f (−4) = −10; f (0,04) = 0,1; f (−0,2) = $-\frac{1}{2}$

b) (1) y = − 4x; Halbgerade von O (0 | 0) durch den Punkt P (1 | −4)
(2) P_5 liegt auf dem Graphen.
(3) P_1 (2 | −8); P_2 (−1 | 4); P_3 (−1,5 | 6); P_4 (0,75 | −3)
(4) f (−25) = 100; f (2,5) = −10; f (−0,025) = 0,1; f (0,125) = $-\frac{1}{2}$

c) (1) y = −0,6x; Halbgerade von O (0 | 0) durch den Punkt P (5 | −3)
(2) P_1 liegt auf dem Graphen.
(3) P_1 (2 | −1,2); P_2 (−1 | 0,6); P_3 (−10 | 6); P_4 (5 | −3)
(4) $f\left(-166\frac{2}{3}\right) = 100$; $f\left(16\frac{2}{3}\right) = -10$; $f\left(-\frac{1}{6}\right) = 0{,}1$; $f\left(\frac{5}{6}\right) = -\frac{1}{2}$

d) (1) $y = \frac{z}{10}$; Halbgerade von O (0 | 0) durch den Punkt P (10 | 1)
(2) P_4 liegt auf dem Graphen.
(3) P_1 (2 | 0,2); P_2 (−1 | −0,1); P_3 (60 | 6); P_4 (−30 | −3)
(4) f (1000) = 100; f (−100) = −10; f (1) = 0,1; f (−5) = $-\frac{1}{2}$

194 **8. e)** (1) $y = \frac{5}{2}t$; Halbgerade von O (0 | 0) durch den Punkt P (2 | 5)

(2) P_3 liegt auf dem Graphen.

(3) P_1 (2 | 5); P_2 (–1 | –2,5); P_3 (2,4 | 6); P_4 (–1,2 | –3)

(4) f (40) = 100; f (–4) = –10; f (0,04) = 0,1; f (–0,2) = $-\frac{1}{2}$

195 **9.** (1) $\frac{y}{x} = \frac{2}{1} = 2$ (2) $\frac{y}{x} = \frac{400}{4} = 100$ (3) $\frac{y}{x} = \frac{-10}{1} = -10$

10. a) $\frac{y}{x} = 1{,}2, \quad y = 1{,}2x$

b) $\frac{y}{x} = -3{,}5, \quad y = -3{,}5x$

c) nicht proportional

d) nicht proportional

e) nicht proportional

11. a)

x	y
–2	6
1	–3
4	–12

y = –3x

b)

x	y
0,5	0,25
–12	–6
–2	–1

y = 0,5x

c)

x	y
2,4	3,6
0	0
$-\frac{4}{3}$	–2

y = 1,5x

d)

x	y
–0,1	0,01
0	0
1	–0,1

y = –0,1x

e)

x	y
–4	–10
–0,2	–0,5
–3	–7,5

y = 2,5x

12. In der Wertetabelle zur proportionalen Funktion muss der Quotient $\frac{x}{y}$ immer gleich sein. In der anderen Wertetabelle müssen mindestens zwei Werte des Quotienten verschieden sein.

13. a) -

b) Der Punkt P liegt auf dem Graphen, der Punkt Q nicht. Q müsste die Koordinaten Q (–9,8 | –26,46) haben, dann würde er auf dem Graphen liegen.

196 **14. a)**

p%	W (in €)
1%	2,50
2%	5,00
3%	7,50
4%	10,00
5%	12,50

p%	W (in €)
6%	15,00
7%	17,50
8%	20,00
9%	22,50
10%	25,00

196 **14.** **b)** Der Prozentwert W verdoppelt, verdreifacht usw. sich.

c) Der Graph ist eine Halbgerade von O (0 | 0) durch den Punkt P (10 | 25) mit der Steigung 2,5.
Es handelt sich um eine proportionale Zuordnung mit der Funktionsgleichung W = 2,5p.

15. **a)**

G (in €)	W (in €)
10	0,50
20	1,00
30	1,50
40	2,00
50	2,50

G (in €)	W (in €)
60	3,00
70	3,50
80	4,00
90	4,50
100	5,00

b) Der Prozentwert W verdoppelt, verdreifacht usw. sich, wenn man bei festem Prozentsatz den Grundwert verdoppelt usw.

c) Der Graph ist eine Halbgerade von O (0 | 0) durch den Punkt P (100 | 5).
Es handelt sich um eine proportionale Zuordnung mit der Funktionsgleichung W = 0,05 · G.

16. Die Auflösung des GTR ist nicht so gut, um den Graphen als durchgehenden Graphen zu zeichnen. y = 2x ist natürlich eine Funktion, auch wenn das Bild im GTR nicht so aussieht.

17. **a)** und **b)**

(1)

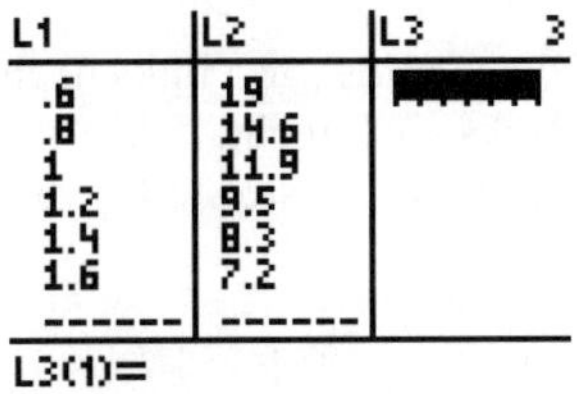

(2)

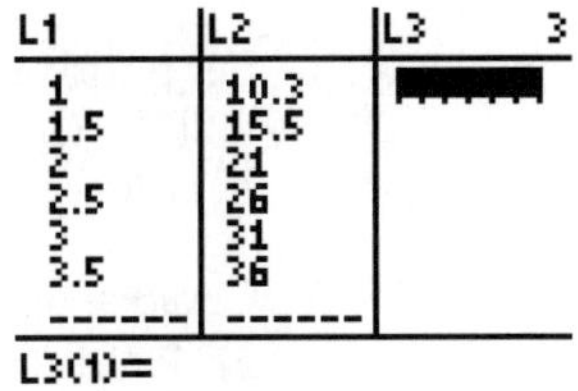

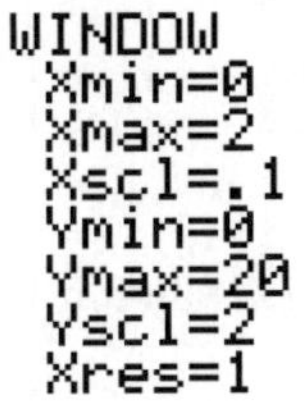

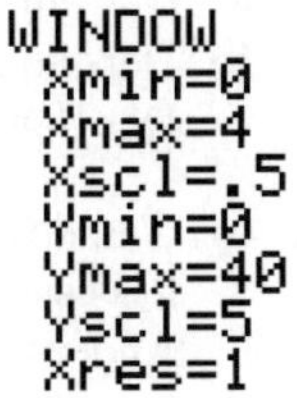

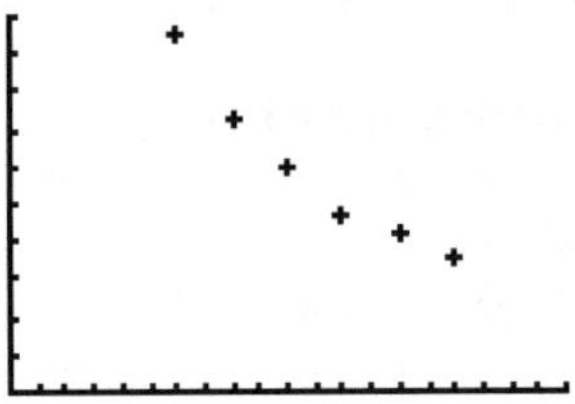

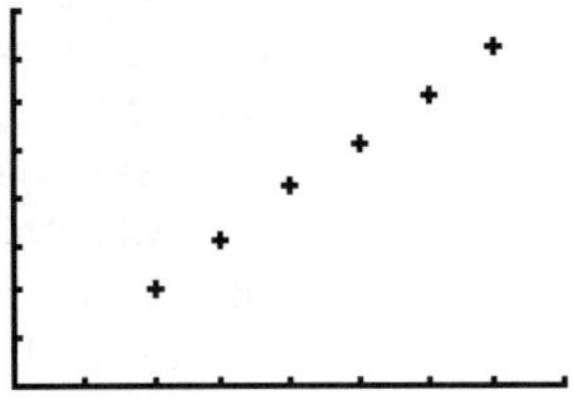

196 **17. c)** (1) p und V sind annähernd antiproportional zueinander ($p \cdot V \approx 11{,}6$).
(2) ℓ und R sind annähernd proportional zueinander (mit $\frac{R}{\ell} \approx 10{,}3$).

5.2.2 Steigung, Steigungsdreieck, Änderungsrate

199 **2. a)** Gerade durch O (0 | 0) und P (5 | 6).
Der Funktionswert wird (1) um 1,2 größer; (2) um 2,4 größer; (3) um 6,0 größer; (4) um 1,2 kleiner.

b) Gerade durch O (0 | 0) und P (5 | 3).
Der Funktionswert wird (1) um 0,6 größer; (2) um 1,2 größer; (3) um 3,0 größer; (4) um 0,6 kleiner.

c) Gerade durch O (0 | 0) und P (2 | –3).
Der Funktionswert wird (1) um 1,5 kleiner; (2) um 3,0 kleiner; (3) um 7,5 kleiner; (4) um 1,5 größer.

d) Gerade durch O (0 | 0) und P (4 | –3).
Der Funktionswert wird (1) um $\frac{3}{4} = 0{,}75$ kleiner; (2) um $1\frac{1}{2} = 1{,}5$ kleiner; (3) um $3\frac{3}{4} = 3{,}75$ kleiner; (4) um $\frac{3}{4} = 0{,}75$ größer.

200 **3.** Geraden durch O (0 | 0) und P (1 | 5) für m = 5;
P (5 | –1) für m = –0,2; P (1 | 1) für m = 1;
P (10 | –13) für m = –1,3; P (3 | 2) für $m = \frac{2}{3}$.

4. Für positive m steigt die Gerade (von links nach rechts), für negative m fällt die Gerade (von links nach rechts).
Je größer der Betrag von m ist, desto steiler verläuft die Gerade.

5. Geraden durch O (0 | 0) und
a) P (1 | 3); **b)** P (1 | –2); **c)** P (5 | 7); **d)** P (2 | –1); **e)** P (5 | –6)

201 **6.**

a)	Der Funktionswert steigt um 0,5	[1; 1,5]	(m = 0,5).
b)	Der Funktionswert fällt um 0,6	[1,2; 1,8]	(m = –0,6).
c)	Der Funktionswert steigt um 0,4	[0,8; 1,2]	(m = 0,4).

7. a) Gerade durch O (0 | 0) und P (5 | 12)
f (x) steigt um 9,6 [steigt um 12; fällt um 12].
Änderungsrate 2,4

b) Gerade durch O (0 | 0) und P (5 | 7)
f (x) steigt um 5,6 [steigt um 7; fällt um 7].
Änderungsrate 1,4

c) Gerade durch O (0 | 0) und P (10 | 3)
f (x) steigt um 1,2 [steigt um 1,5; fällt um 1,5].
Änderungsrate 0,3

d) Gerade durch O (0 | 0) und P (4 | –1)
f (x) fällt um 1 [fällt um 1,25; steigt um 1,25].
Änderungsrate $-\frac{1}{4}$

201 **7.** **e)** Gerade durch O (0 | 0) und P (5 | –4)
f (x) fällt um 3,2 [fällt um 4; steigt um 4].
Änderungsrate $-\frac{4}{5}$

f) Gerade durch O (0 | 0) und P (7 | 1)
f (x) steigt um $\frac{4}{7}$ $\left[\text{steigt } \frac{5}{7}; \text{ fällt um } \frac{5}{7}\right]$.
Änderungsrate $\frac{1}{7}$

g) Gerade durch O (0 | 0) und P (5 | –2)
f (x) fällt um 1,6 [fällt um 2; steigt um 2].
Änderungsrate –0,4

h) Gerade durch O (0 | 0) und P (10 | –1)
f (x) fällt um 0,4 [fällt um 0,5; steigt um 0,5].
Änderungsrate $-\frac{1}{10}$

i) Gerade durch O (0 | 0) und P (1 | –1)
f (x) fällt um 4 [fällt um 5; steigt um 5].
Änderungsrate –1

j) Gerade durch O (0 | 0) und P (2 | 7)
f (t) steigt um 14 [steigt um 17,5; fällt um 17,5].
Änderungsrate $\frac{7}{2}$

8. $y = \frac{3}{4}x$ ist falsch. Er hat die Gerade für $y = \frac{4}{3}x$ gezeichnet.
Richtig wäre für $y = \frac{3}{4}x$ die Gerade durch O (0 | 0) und P (4 | 3).
$y = -\frac{3}{5}x$ ist falsch. Er hat die Gerade zu $y = -\frac{5}{3}x$ gezeichnet.
Richtig wäre $y = -\frac{5}{3}x$ für $y = -\frac{3}{5}x$ die Gerade durch O (0 | 0) und P (5 | –3).

9. **a)** y = 1,6 x; Gerade durch O (0 | 0) und P (5 | 8); Änderungsrate 1,6
b) y = –1,8x; Gerade durch O (0 | 0) und P (5 | –9); Änderungsrate –1,8
c) y = 2,7x; Gerade durch O (0 | 0) und P (10 | 27); Änderungsrate 2,7
d) $y = -\frac{6}{5}x$; Gerade durch O (0 | 0) und P (5 | –6); Änderungsrate $-\frac{6}{5}$
e) y = 1,8x; Gerade durch O (0 | 0) und P (5 | 9); Änderungsrate 1,8
f) y = –1,8x; Gerade durch O (0 | 0) und P (5 | –9); Änderungsrate –1,8

10. **a)** g_1: y = –3x; **b)** $g_4: y = -\frac{3}{2}x$; **c)** $g_7: y = \frac{3}{2}x$;
$g_2: y = \frac{1}{2}x$; $g_5: y = \frac{3}{4}x$; g_8: y = x;
$g_3: y = -\frac{1}{2}x$; $g_6: y = -\frac{1}{2}x$; g_9: y = –x;

202 **11.** **a)** E, A **b)** C, G **c)** F, B **d)** D, H

202

12. **a)** $y = 5x$; $f(x) = 5x$
b) $y = -3x$; $f(x) = -3x$
c) $y = 3{,}8x$; $f(x) = 3{,}8x$
d) $y = -0{,}8x$; $f(x) = -0{,}8x$
e) $y = -\frac{3}{2}x$; $f(x) = -\frac{3}{2}x$
f) $y = -\frac{9}{5}x$; $f(x) = -\frac{9}{5}x$
g) $y = 3x$; $f(x) = 3x$
h) $y = 4{,}2x$; $f(x) = 4{,}2x$
i) $y = -\frac{2}{5}x$; $f(x) = -\frac{2}{5}x$
j) $y = 1{,}7x$; $f(x) = 1{,}7x$
k) $y = -\frac{2}{3}x$; $f(x) = -\frac{2}{3}x$
l) $y = 4x$; $f(x) = 4x$

13. Druckfehler in der 1. Auflage in a): 20 min statt 29 min;
in c): 572 g statt 562 g
a) $y = 90x + 1\,200$; x: Zeit (in min); y: Tankinhalt (in ℓ)
Änderungsrate $90\,\frac{\ell}{\text{min}}$
Zunahme des Tankinhalts in einer Minute
b) $y = 0{,}84x + 13{,}7$; x: Zeit (in min); y: Entfernung (in km)
Änderungsrate $0{,}84\,\frac{\text{km}}{\text{min}}$
Geschwindigkeit pro Minute
c) $y = 0{,}73x + 572$
Änderungsrate $0{,}73\,\frac{\text{g}}{\text{cm}^3}$
Dichte dieses Öls

14. -

5.3 Lineare Funktionen und ihre Graphen

204

2. **a)** $m = \frac{3}{4}$; $b = -2$; Gerade durch P (0 | –2) und Q (4 | 1).
b) $m = -\frac{1}{3}$; $b = 1$; Gerade durch P (0 | 1) und Q (3 | 0).
c) $m = -1$; $b = 4{,}5$; Gerade durch P (0 | 4,5) und Q (5 | –0,5).
d) $m = 1$; $b = 0$; Gerade durch P (0 | 0) und Q (5 | 5).
e) $m = 0$; $b = -3$; Gerade parallel zur x-Achse durch P (0 | –3).
f) $m = 0$; $b = 0$; Gerade identisch mit der x-Achse.

205

3. (1) Die Geraden schneiden sich im Punkt (5,6 | 5,4).
(2) Die Geraden verlaufen parallel.
(3) Die Geraden sind deckungsgleich.

4. **a)**

Belastung (in kg)	0	1	2	3	4	5	6	7	8
Verlängerung der Feder (in cm)	0	0,5	1,0	1,5	2,0	2,5	3,0	3,5	4,0
Federlänge (in cm)	6,0	6,5	7,0	7,5	8,0	8,5	9,0	9,5	10,0

Der Graph zu (1) ist eine Halbgerade von O (0 | 0) aus durch den Punkt P (8 | 4), die zu einer proportionalen Zuordnung gehört. Die andere Halbgerade ist dazu parallel und um 6 in Richtung der y-Achse nach oben verschoben.

205 **4. b)** y = 0,5x + 6, x: Federlänge (in cm), x: Belastung (in kg); x ≥ 0
c) Die Feder wird 1,2 cm länger [0,9 cm kürzer].
d) 4 kg [7 kg; 8,4 kg]
e) 28 kg

5. Der Graph wird bei positivem b in Richtung der y-Achse um b nach oben, bei negativem b in Richtung der y-Achse um | b | nach unten verschoben.

206 **6. a)** Strecke von P (0 | 21) bis Q (17,5 | 0)
b) y = –1,2x + 21, y: Länge der Kerze (in cm), x: Brenndauer (in h)
Änderungsrate –1,2 $\frac{cm}{h}$; Abnahme der Kerzenlänge pro Stunde.
c) Sie ist noch 15 cm [12 cm; 6 cm] lang.
d) Nach $14\frac{1}{3}$ h, also nach 14 h 20 min ist die Kerze nur noch 3,8 cm lang.
e) Nach 17,5 h, also nach 17 h 30 min ist die Kerze abgebrannt.

7. a) y = –0,8x + 48; y: Fugenbreite b (in mm), x: Temperatur ϑ (in °C)
Gerade durch P (0 | 48) und Q (25 | 28); Funktionswerte sind nur oberhalb der x-Achse sinnvoll, da die Fugenbreite nicht negativ werden darf.
Änderungsrate –0,8 $\frac{mm}{°C}$; Abnahme der Fugenbreite bei einer Temperaturerhöhung um 1 Grad.

b)

Temperatur ϑ (in °C)	30	10	–10	–15
Fugenbreite b (in mm)	24	40	56	60

c) –7,5°C
d) 60°C

8. a) y = 5x – 22
Änderungsrate 5 $\frac{m}{min}$; Auftauchen (in m) pro Minute.

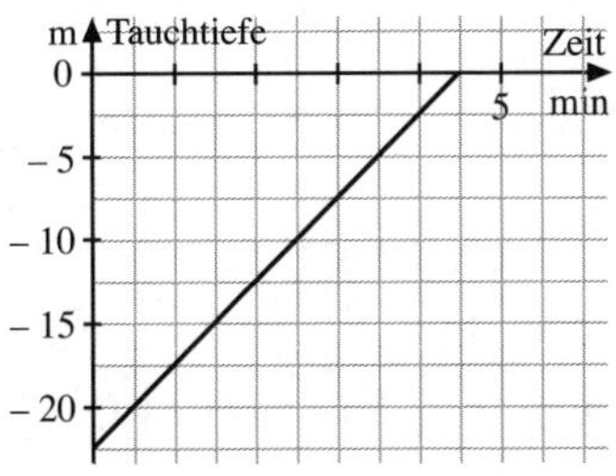

b) In 9,5 m Tiefe.
c) Nach 3,8 min.
d) 4,4 min dauert das Auftauchen.
e) -

9. Die Graphen zu den angegebenen Funktionen sind Geraden durch O (0 | 0) und dem angegebenen Punkt P.
a) P (2 | 3); y = 1,5x + 4 [y = 1,5x – 1]
b) P (1 | –4); y = –4x + 4 [y = –4x – 1]

206

9. c) P (3 | –2); $y = -\frac{2}{3}x + 4$ $\left[-\frac{2}{3}x - 1\right]$

d) P (4 | 5); $s = \frac{5}{4}r + 4$ $\left[s = \frac{5}{4}r - 1\right]$

e) P (5 | –1); $v = -\frac{u}{5} + 4$ $\left[v = -\frac{u}{5} - 1\right]$

10. Die Graphen der angegebenen Funktionen sind Geraden durch die Punkte P und Q. Der Graph zu g ist dazu parallel und geht durch den Punkt O (0 | 0).

a) P (0 | 1), Q (5 | 3); b = 1; g (x) = 0,4x

b) P (0 | 3,5), Q (2 | –2,5); b = 3,5; $g(x) = -\frac{1}{2}x$

c) $P\left(0\middle|-\frac{4}{5}\right)$, $Q\left(1\middle|\ \frac{1}{5}\right)$; $b = -\frac{4}{5}$; g (x) = x

d) P (0 | –2,5), Q (4 | –5,5); $b = -\frac{5}{2}$; $g(x) = -\frac{3}{4}x$

11. a) g (x) ist eine proportionale Funktion; Gerade durch O (0 | 0) und P (2 | 1). Die Graphen zu f und h sind dazu parallele Geraden, die in Richtung der y-Achse um 4 nach oben bzw. um 2 nach unten verschoben sind.

b) h (x) ist eine proportionale Funktion; Gerade durch O (0 | 0) und P (2 | –3). Die Graphen zu f und g sind dazu parallele Geraden, die in Richtung der y-Achse um 5 nach oben bzw. um 4 nach unten verschoben wurden.

207

12. a)
$g_1(x) = 2x - 1$
$g_2(x) = x - 1$
$g_3(x) = \frac{x}{2} - 1$
$g_4(x) = -1$
$g_5(x) = -x - 1$
Ordinatenabschnitt c = –1

b)
$g_1(x) = -\frac{x}{2} - 2$
$g_2(x) = -\frac{x}{2} - \frac{3}{2}$
$g_3(x) = -\frac{x}{2}$
$g_4(x) = -\frac{x}{2} + 1$
$g_5(x) = -\frac{x}{2} + 2$
Steigung $m = -\frac{1}{2}$

13.

	Funktion	Steigung	Schnittpunkt mit x-Achse	Schnittpunkt mit y-Achse	proportionale Funktion
a)	y = 2,5x +1	m = 2,5	P (–0,4 | 0)	Q (1 | 0)	y = 2,5x
b)	y = –3x + 7	m = –3	$P\left(2\frac{1}{3}\middle|0\right)$	Q (7 | 0)	y = –3x
c)	y = –x – 2,4	m = –1	P (–2,4 | 0)	Q (–2,4 | 0)	y = –x
d)	$s = \frac{1}{4}t - \frac{7}{5}$	$m = \frac{1}{4}$	P (5,6 | 0)	Q (–1,4 | 0)	$s = \frac{1}{4}t$

207

14. Die Graphen sind Geraden, die parallel zur x-Achse sind. Sie schneiden die y-Achse in den Punkten
a) S (0 | 4), **b)** S (0 | –1), **c)** S (0 | 3), **d)** S (0 | –3), **e)** S (0 | 0).
Der Graph in e) ist identisch mit der x-Achse.
Die Funktionswerte ändern sich nicht, wenn man x um 1 erhöht.
Die Steigung ist jeweils m = 0, der Ordinatenabschnitt ist in
a) c = 4, **b)** c = –1, **c)** c = 3, **d)** c = –3, **e)** c = 0.
Die Funktionsgleichung ist in
a) $y = 0 \cdot x + 4$, **b)** $y = 0 \cdot x - 1$, **c)** y = 3, **d)** y = –3, **e)** y = 0.

15. Die Graphen sind Geraden durch die Punkte P und Q.
a) P (0 | 1), Q (1 | 3)
b) P (0 | –1), Q (1 | 1)
c) P (0 | 1), Q (1 | –1)
d) P (0 | –4), Q (1 | –2)
e) P (0 | –1), Q (1 | –3)
f) P (0 | 3), Q (2 | 4)
g) P (0 | –3), Q (5 | 1)
h) P (0 | –1), Q (5 | 7)
i) P (0 | 4), Q (2 | 3)
j) P (0 | 3,5), Q (5 | 4,5)
k) P (0 | –2), Q (5 | 14)
l) P (0 | 4), Q (5 | 13)
m) P (3 | 3), Q (8 | 4)
n) P (0 | –3,8), Q (4 | 0,2)
o) P (0 | 5), Q (5 | 0)
p) P (1 | 1), Q (5 | 4)
q) P (0 | –2), Q (3 | –3)
r) P (0 | 0,5), Q (3 | –2)
s) P (2 | 2), Q (6 | 9)
t) Parallele zur x-Achse durch $P\left(0 \middle| -\frac{1}{8}\right)$

16. y = 2x ist falsch. Die Funktionsgleichung zur gezeichneten Geraden ist $y = \frac{1}{2}x$. Der Graph zu y = 2x wäre eine Gerade durch die Punkte O (0 | 0) und P (1 | 4).
y = 5 ist falsch. Die Funktionsgleichung zur gezeichneten Geraden ist y = 5x. Der Graph zu y = 5 wäre eine zur x-Achse parallele Gerade, die die y-Achse im Punkt S (0 | 5) schneidet.
$y = -\frac{1}{3}x + 2$ ist falsch. Die Funktionsgleichung zur gezeichneten Geraden ist $y = -\frac{1}{2}x + 2$. Der Graph zu $y = -\frac{1}{3}x + 2$ wäre eine Gerade durch die Punkte P (0 | 2) und Q (3 | 1).
$y = -3 - \frac{3}{2}x$ ist falsch. Die Funktionsgleichung zur gezeichneten Geraden ist $y = -3x - \frac{3}{2}$. Der Graph zu $y = -3 - \frac{3}{2}x$ wäre eine Gerade durch die Punkte P (0 | –3) und Q (2 | –6).

17.

	Funktion	Schnittpunkt mit x-Achse	Schnittpunkt mit y-Achse	Steigung	durch P (2 | 0)
a)	y = 6x – 3,5	$P\left(\frac{7}{12}\middle|0\right)$	Q (0 | –3,5)	m = 6	nein
b)	y = –2,6x + 5,2	P (2 | 0)	Q (0 | 5,2)	m = –2,6	ja
c)	$y = -\frac{4}{5}x - \frac{3}{4}$	$P\left(-\frac{15}{16}\middle|0\right)$	$Q\left(0\middle|-\frac{3}{4}\right)$	$m = \frac{4}{5}$	nein
d)	$v = 1 - \frac{u}{2}$	P (2 | 0)	Q (0 | 1)	$m = -\frac{1}{2}$	ja

208

18. **a)** $g_1(x) = -x + 2$
$g_2(x) = -2x + 1$
$g_3(x) = -\frac{x}{4} - \frac{1}{2}$

b) $g_1(x) = x - \frac{3}{2}$
$g_2(x) = -\frac{x}{6} + 2$
$g_3(x) = 3x + \frac{3}{2}$

c) $g_1(x) = -x$
$g_2(x) = x$
$g_3(x) = \frac{3}{2}$

19. (1) $y = mx,\ m > 0$
(2) $y = mx + c,\ m > 0,\ c > 0$
(3) (a) durch 1. und 3. Quadranten: $y = mx,\ m > 0$
(b) durch 2. und 4. Quadranten: $y = mx,\ m < 0$
(c) durch 1. und 2. Quadranten: $y = c,\ c > 0$
(d) durch 3. und 4. Quadranten: $y = c,\ c < 0$
(e) durch 1. und 4. Quadranten: $x = b,\ b > 0$
(f) durch 2. und 3. Quadranten: $x = b,\ b < 0$

20. $y = mx + b$
(1) $m > 0,\quad b > 0$
1., 2., 3. Quadrant
(2) $m > 0,\quad b < 0$
1., 3., 4. Quadrant
(3) $m < 0,\quad b > 0$
1., 2., 4. Quadrant
(4) $m < 0,\quad b < 0$
2., 3., 4. Quadrant
(5) $m > 0,\quad b = 0$
1., 3. Quadrant
(6) $m < 0,\quad b = 0$
2., 4. Quadrant
(7) $m = 0,\quad b > 0$
1., 2. Quadrant
(8) $m = 0,\quad b < 0$
3., 4. Quadrant
(9) $m = b = 0$
identisch mit x-Achse

21. Nur bei gleicher Unterteilung der Achsen ergibt sich das „gewohnte“ Bild. Sind die Unterteilungen unterschiedlich, ergeben sich veränderte Anstiege.

22. Wählt man im Window-Menü den x-Wert größer, so verläuft die Gerade steiler. Wählt man im Window-Menü den y-Wert größer, so verläuft die Gerade flacher.

209

23. **a)** $x_{min} = -500$
$x_{max} = 500$
$y_{min} = -30$
$y_{max} = 30$

b) $x_{min} = -20$
$x_{max} = 20$
$y_{min} = -20$
$y_{max} = 20$

c) x_{min} nicht bestimmbar
x_{max} nicht bestimmbar
$y_{min} = -60$
$y_{max} = 60$

24. $\gamma = 180° - 2\,\alpha \quad (0° < \alpha < 90°)$
Der Graph geht von $(0° \mid 180°)$ bis $(90° \mid 0°)$, wobei die Endpunkte nicht dazu gehören.

25. $\alpha = 90° - \beta \quad (0° < \beta < 90°)$
Der Graph geht von $(0° \mid 90°)$ bis $(90° \mid 0°)$, wobei die Endpunkte nicht dazu gehören.

209 **26.** **a)** y: Wasserhöhe (in m),
x: Zeit (in h)
$y = 2{,}5 - 0{,}4x$ mit $x \geq 0$
Der Graph geht von (0 h | 2,5 m) bis $\left(6\frac{1}{4}\text{ h}\middle|\text{ 0 m}\right)$.

b) Änderungsrate $-0{,}4\ \frac{\text{m}}{\text{h}}$; Abnahme des Wasserstandes je Stunde.

c) Nach $6\frac{1}{4}$ h, also nach 6 h 15 min ist das Becken leer.

d) Insgesamt fasst das Becken 37,5 m^3 Wasser. Die Grundfläche ist also 15 m^2 groß.

27. **a)** Die Geraden schneiden sich im Punkt (–2 | –5).
b) Die Geraden verlaufen parallel.
c) Die Geraden verlaufen parallel.
d) Die Geraden schneiden sich im Punkt (1,2 | –1,2).

28. **a)** Die Geraden schneiden sich.
b) Die Geraden verlaufen parallel.
c) Die Geraden schneiden sich.
d) Die Geraden sind deckungsgleich.

29. *Beispiele:*
a) $y = 3x + 2$ **b)** $y = -3x - 6$ **c)** $y = -x + 2$, Schnittpunkt S(2 | 0)

5.4 Nullstellen linearer Funktionen – Grafische Deutung des Lösens linearer Gleichungen

212 **1.** **a)** $y = -6x + 80$
b) $0 = -6x + 80$
$x = 13{,}3$ s
Es dauert ca. 13,3 s bis zum Erdgeschoss.
c) $-9 = -6x + 80$
$x = 14{,}8$ s
Es dauert ca. 14,8 s bis zum 3. Untergeschoss.

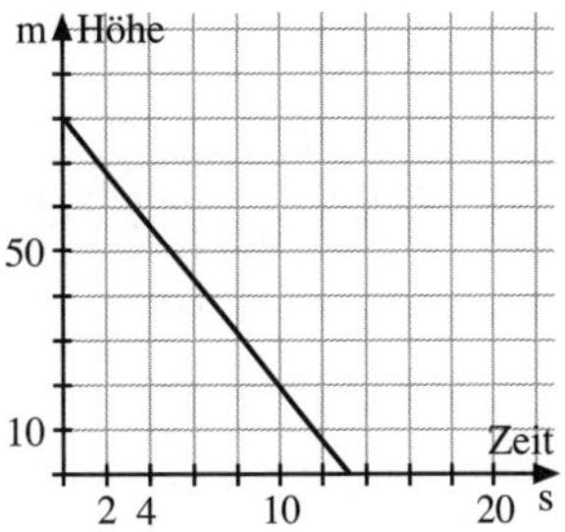

213

2.

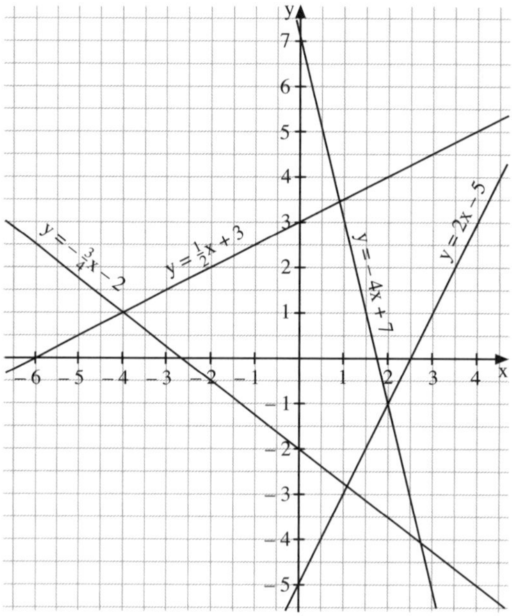

a) $x_0 = 2{,}5$ **b)** $x_0 = \frac{7}{4}$ **c)** $x_0 = -6$ **d)** $x_0 = -\frac{8}{3}$

3. **a)** Siehe Information (1) auf Seite 211 des Schülerbandes.
b) Siehe Information (2) auf Seite 211 des Schülerbandes.
c) Siehe Information (3) auf Seite 212 des Schülerbandes.

4. **a)** $x_0 = \frac{7}{3}$ **c)** $x_0 = -50$ **e)** $x_0 = 11\frac{2}{3}$ **g)** $x_0 = 0$

b) $x_0 = 2{,}5$ **d)** $x_0 = -7{,}5$ **f)** $x_0 = 3\frac{3}{4}$ **h)** -

5. **a)**

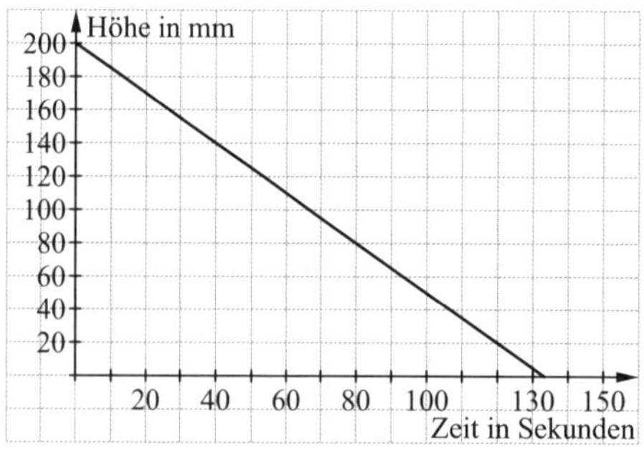

b) $133\frac{1}{3}$ s nach Beginn des Sinkfluges.

c) Nach $126\frac{2}{3}$ s nach Beginn des Sinkfluges.

d) $33\frac{1}{2}$ s früher

213

6. **a)** $x = -2{,}5$ **c)** $x = 43$ **e)** $x = 18\frac{1}{3}$

b) $x = \frac{1}{3}$ **d)** $x = 6\frac{2}{3}$ **f)** $x = 4{,}5$

7. **a)**

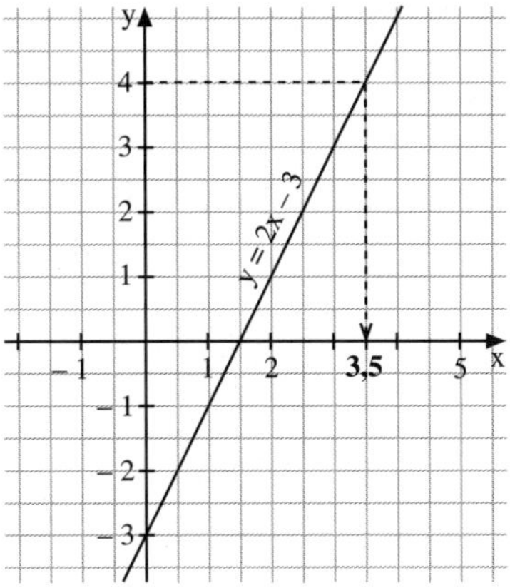

b)

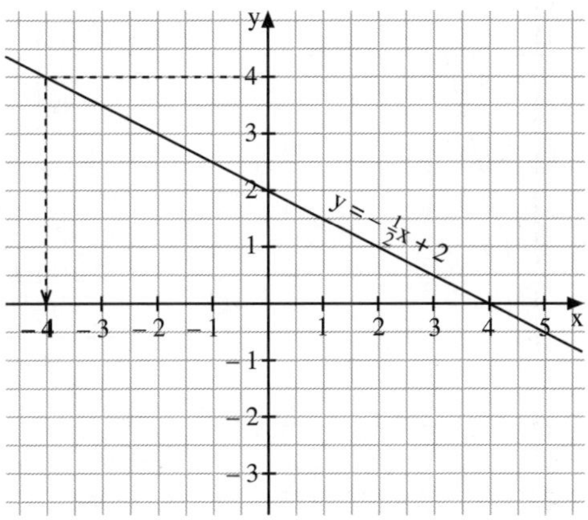

c)

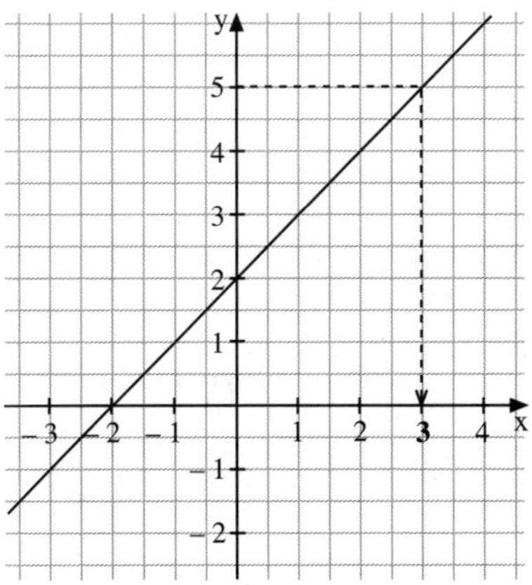

213 **7.** **d)**

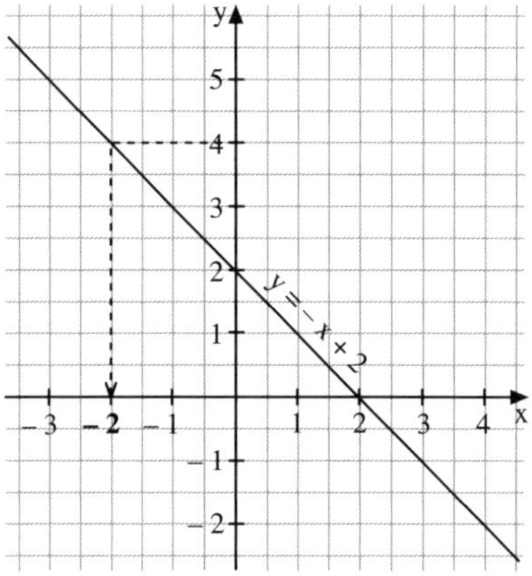

8. (1)

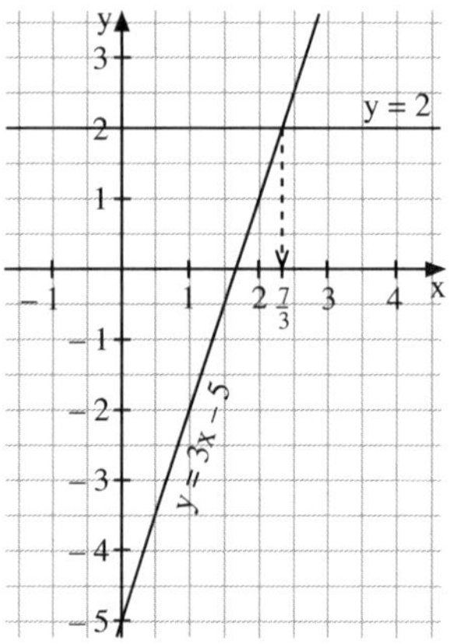

(2)

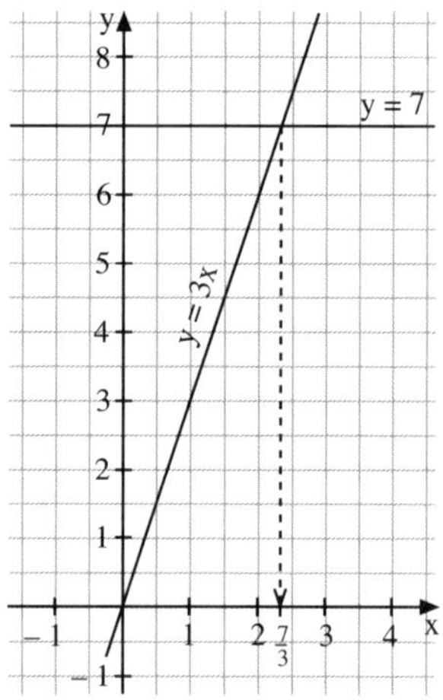

(3)

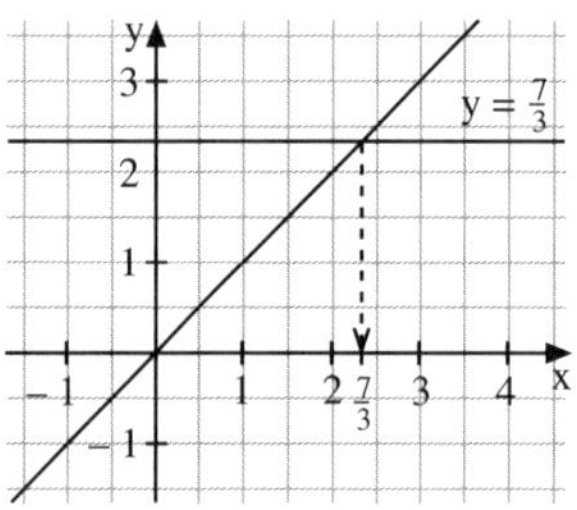

Gemeinsam ist jeweils der x-Wert des Schnittpunktes, als Lösung der Gleichung.
Der y-Wert ist aber unterschiedlich.

9. **a)** $x = 15$ **b)** $x = -19{,}375$ **c)** $x = 100$ **d)** $x = -67{,}5$

10. Schnittpunkte
a) $x = 10$ **b)** kein Schnittpunkt **c)** $x = 40{,}5$ **d)** $x = 234{,}9835$

11. Z. B. $y_1 = x - 4$ $y_2 = -\frac{1}{2}x + 2$ $y_3 = 5x - 20$

213 **12.** Achsenabschnitt: $y_0 = 5{,}5$

Nullstelle: $x_0 = 11$

Funktionsgleichung: $y = -0{,}5x + 5{,}5$

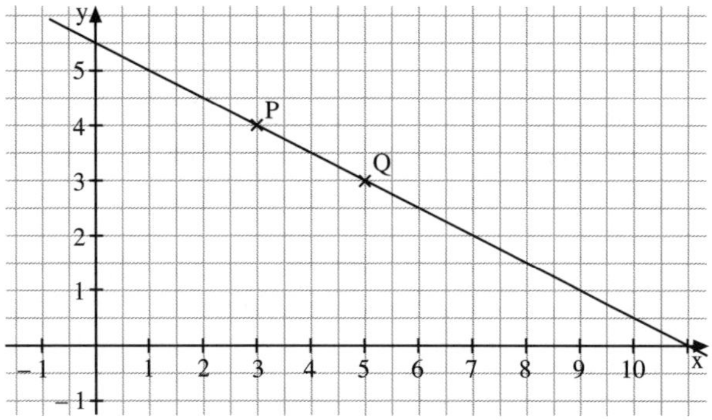

Auf den Punkt gebracht: Dokumentieren von Rechenergebnissen

214 **1.** Sandra: ausführlich, reproduzierbar, keine weitere Erklärung nötig
Maike: nur einige der wichtigsten Informationen vorhanden, nähere Erläuterungen notwendig.

215 **2. a)** Information „100 g entsprechen 0,98 €“ in allgemeinen Dreisatz umgesetzt, daraus ergibt sich der Zusammenhang „L1 = 0,0098 · L2“, dieser entspricht der Geradengleichung „Y1 = 0,98 · X/100“, welche anschließend grafisch dargestellt ist.

b) Tabelle ist bei Pascal sinnvoller: richtige Größen, mit Einheiten, geordnet, besser lesbare Zahlendarstellung.
Graph ist bei Marius sinnvoller: Pfeile, Achsenbeschriftung (aber: Einheit der Menge fehlt auch hier), Hilfslinien.
Marius beantwortet als einziger die zweite Frage schriftlich, die Antwort zur ersten Frage ist von keinem formuliert. Ein einziges Wertepaar macht die Skalierung der Achsen nicht deutlich, die Geradengleichung fehlt ebenfalls.

5.5 Geraden durch Punkte

5.5.1 Geraden durch zwei Punkte

217

2. $m = \frac{y_2 - y_1}{x_2 - x_1} = \frac{-65-(-50)}{11-8} = -5$

Die Funktionsgleichung hat die Form: $y = -5 \cdot x + b$.
Führt man die Punktprobe mit einem Messwert durch, erhält man für Punkt (8 | −50) die Gleichung: $-5 \cdot 8 + b = -50$
Durch Umformen erhält man: $b = -10$.
Somit hat die lineare Funktion *Höhe über dem Nordpol (in km) → Lufttemperatur in der Troposphäre (in C°)* die Funktionsgleichung $y = -5 \cdot x - 10$.

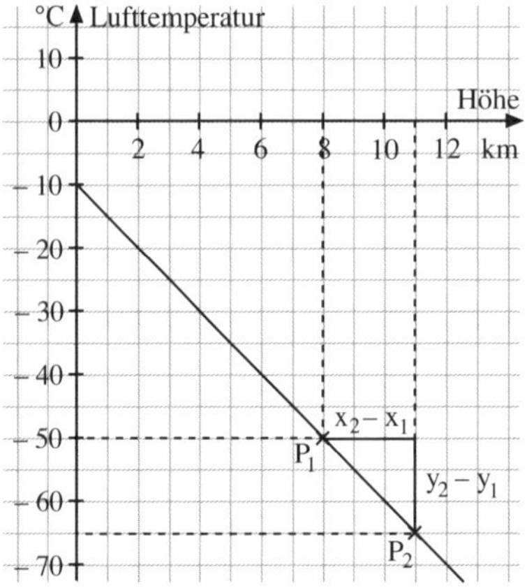

218

3. a) $y = -2 \cdot x - 7$

b) $y = \frac{2}{5} \cdot x + \frac{4}{5}$

c) $y = -\frac{2}{3} \cdot x - \frac{5}{3}$

d) $y = 3 \cdot x + 5$

4. a) $y = \frac{7}{8} \cdot x - \frac{13}{4}$

b) $y = 0 \cdot x + 3$, also $y = 3$

c) $y = 1{,}5 \cdot x + 1$

d) $y = \frac{1}{2} \cdot x + 5$

5. a) Der zweite Wert ist falsch.

b) Funktionsgleichung:
$y = 2{,}5 \cdot x + 18{,}6$
Zweiter Wert:
$f(102{,}4) = 274{,}6$

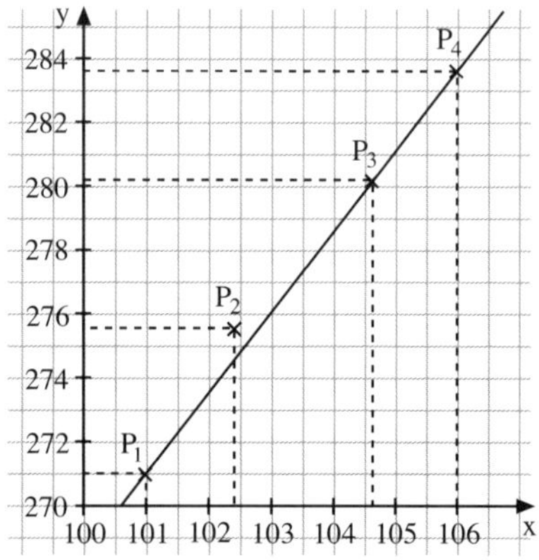

218 **6.** g: $y = 3 \cdot x - 9$ k: $y = -\frac{1}{3} \cdot x - \frac{7}{9}$

7. a) -

b) (1) $b = \frac{109}{50}$ (3) $m = \frac{4}{3}$, $b = \frac{317}{30}$

(2) $b = -\frac{114}{25}$ (4) $m = \frac{529}{921}$, $b = \frac{12\,463}{307}$

8. a)

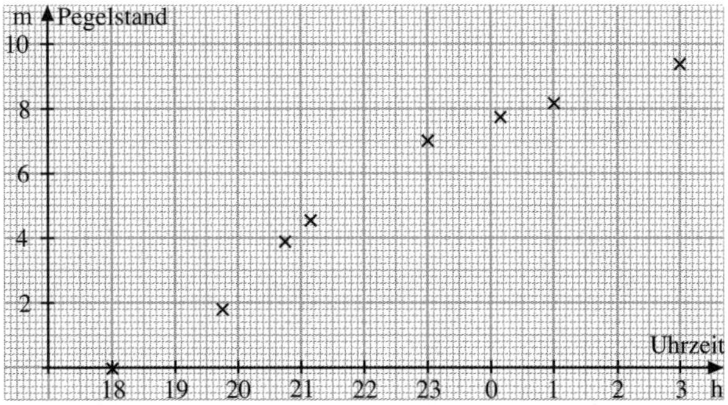

b) *Annahme:* linearer Verlauf zwischen zwei Werten.
Dann gilt: 22:00 bei 5,6 m und 2:00 bei 8,8 m

c) Geradengleichungen jeweils zwischen benachbarten Werten
($y = m \cdot x + b$)

	18:00 - 19:45	19:45 - 20:45	20:45 - 21:15	21:15 - 22:00	22:00 - 23:00	23:00 - 00:15	00:15 - 01:00	01:00 - 02:00	02:00 - 03:00
m	1	2,1	1,4	1,4	1,4	0,6	0,6	0,6	0,6
b	−18	−39,73	−25,2	−25,2	−25,2	−6,8	−6,8	−6,8	−6,8

5.5.2 Geraden durch Punktwolken

221 **2. a)**

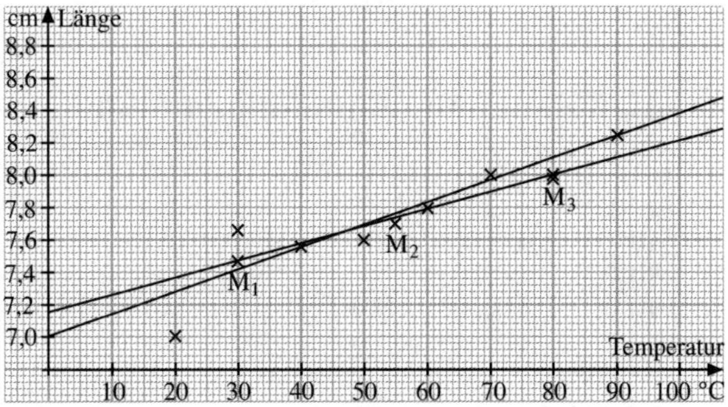

b) Bei Aufteilung in 3, 2 und 3 Punkte erhält man:
$M_1(30\,|\,7{,}47)$, $M_2(55\,|\,7{,}7)$, $M_3(80\,|\,8{,}01)$

$m = \frac{8{,}01 - 7{,}47}{80 - 30} = 0{,}01$

$b = 7{,}18$

Mediangerade: $y = 0{,}01 \cdot x + 7{,}18$

222

3. a) Es ist möglich, die Punkte durch eine Gerade zu verbinden.
Bei Aufteilung in 2, 3 und 2 Punkte erhält man:

$M_1(65 \mid 55{,}85)$, $M_2(110 \mid 63{,}70)$, $M_3(150 \mid 70{,}65)$

$m = \frac{70{,}65-55{,}85}{150-65} = 0{,}174$

$b = 44{,}54$

Mediangerade: $y = 0{,}174 \cdot x + 44{,}54$

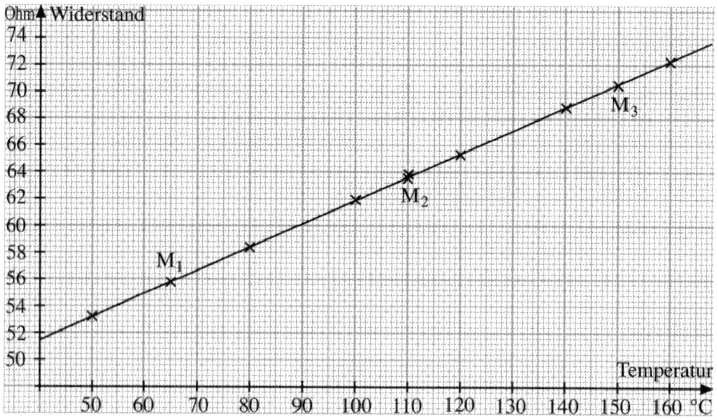

b) Widerstand bei 25°C: 48,9 Ohm

4. Druckfehler: Werte für 23°C und 24°C sind 152 und 156.
Es ist eine Abhängigkeit zu erkennen.
Bei Aufteilung in 4, 3 und 4 Punkte erhält man.

$M_1(19 \mid 113{,}75)$, $M_2(24 \mid 156)$, $M_3(18{,}25 \mid 188{,}25)$

$m = \frac{188{,}25-113{,}75}{28{,}25-19} = 8{,}054$

$b = -39{,}5$

Mediangerade: $y = 8{,}054 \cdot x - 39{,}5$

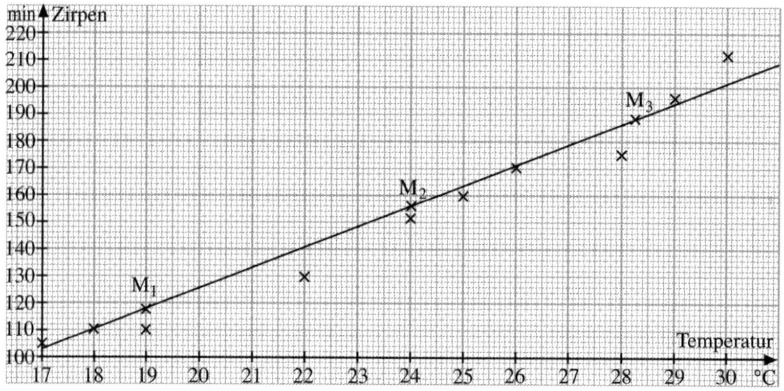

222

5. a) **Männer:**

$M_1(56 \mid 10{,}28)$, $M_2(76 \mid 10{,}068)$, $M_3(96 \mid 9{,}888)$

$m = \frac{9{,}888-10{,}28}{96-56} = -0{,}0098$

$b = 10{,}84$

Mediangerade: $y = -0{,}0098 \cdot x + 10{,}84$

Frauen:

$M_1(56 \mid 11{,}46)$, $M_2(76 \mid 11{,}022)$, $M_3(96 \mid 10{,}796)$

$m = \frac{10{,}796-11{,}46}{96-56} = -0{,}0166$

$b = 12{,}354$

Mediangerade: $y = -0{,}0166 \cdot x + 12{,}354$

b) Der Schnittpunkt der beiden Mediangeraden liegt im Jahr 2123. Männer und Frauen laufen die 100 m dann in 8,65 Sekunden.

6. *Geordnete Tabelle:*

Stunden	0,5	1,0	1,5	2,5	2,6	3,0	3,5	3,7
Punkt	56	47	73	71	75	82	87	85

Stunden	4,2	5,2	5,4	5,5	7,0	8,2	8,4	9,3
Punkt	90	74	70	78	96	94	100	89

Bei Aufteilung in 5, 6 und 5 Punkte erhält man:

$M_1(1{,}62 \mid 64{,}4)$, $M_2(4{,}17 \mid 81{,}3)$, $M_3(7{,}68 \mid 91{,}4)$

$m = \frac{91{,}4-64{,}4}{7{,}68-1{,}62} = 4{,}46$

Schnitt mit der y-Achse:

für M_1: $64{,}4 = 4{,}46 \cdot 1{,}62 + b$, d. h. $b = 57{,}17$

für M_2: $81{,}3 = 4{,}46 \cdot 4{,}17 + b$, d. h. $b = 62{,}70$

für M_3: $91{,}4 = 4{,}46 \cdot 7{,}68 + b$, d. h. $b = 57{,}15$

b für Mediangerade: $(57{,}17 + 62{,}70 + 57{,}15) : 3 = 59{,}01$

Mediangerade: $y = 4{,}46 \cdot x + 59{,}01$

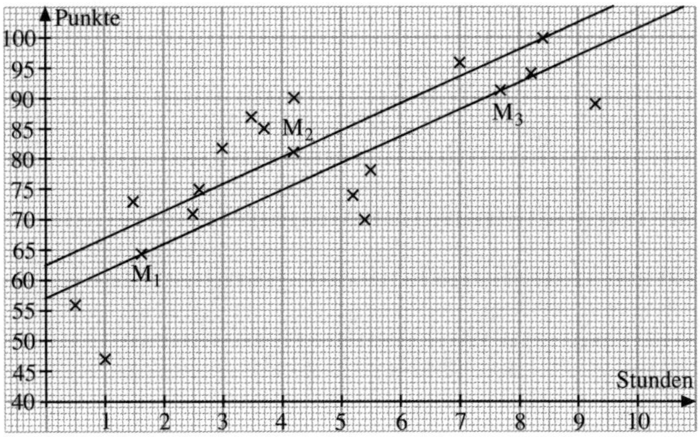

222 **7.** *Geordnete Tabelle:*

Alter der Frauen	16	17	19	23	24	29	29	35	42
Alter der Männer	18	24	20	25	27	34	23	35	50

Alter der Frauen	45	47	51	56	57	70	72	84
Alter der Männer	54	47	54	42	57	70	81	87

$M_1(21{,}3 \mid 22{,}8)$, $M_2(39{,}6 \mid 44)$, $M_3(65 \mid 65{,}2)$

$m = \frac{65{,}2-22{,}8}{65-21{,}3} = 0{,}97$

$b = 3{,}29$

Mediengerade: $y = 0{,}97x + 3{,}29$

5.6 Vermischte Übungen

223 **1. a)**

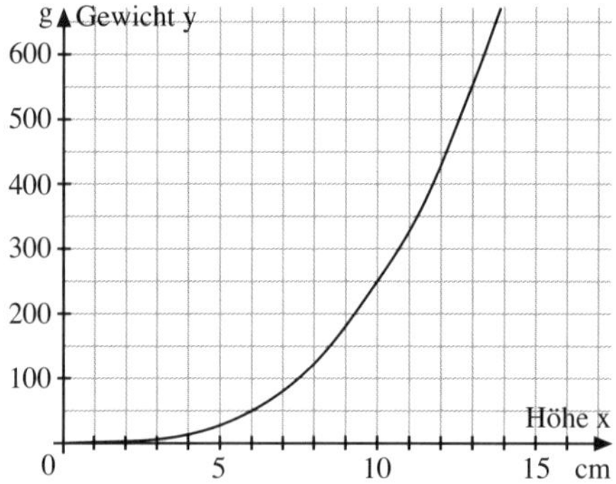

c) $y = \frac{1}{4}x^3$

d) 843,75 g

b)

Gewicht (in g)	50	100	200	500
Höhe (in cm)	5,8	7,4	9,3	12,6

2. (1) $2x - y = 0$ lineare Funktion
(2) $x \cdot y = 2$ keines von beiden
(3) $2x + y = 2$ proportionale Funktion

3. a) $m = 1$ $\left[c = \frac{13}{3}\right]$

b) $m = 3$ $\left[c = \frac{2}{3}\right]$

c) $m = -6$ $\left[c = \frac{17}{9}\right]$

d) $m = 0$ $\left[c = \frac{5}{3}\right]$

4. a) 60 $\left[-60;\ 0;\ 6;\ -3;\ 2;\ -\frac{12}{5}\right]$

b) –9,5 $\left[10{,}5;\ 0{,}5;\ -0{,}5;\ 1;\ \frac{1}{6};\ \frac{9}{10}\right]$

c) 7,4 $[-7{,}6;\ -0{,}1;\ 0{,}65;\ -0{,}475;\ 0{,}15;\ -0{,}4]$

d) –1 $\left[3;\ 1;\ \frac{4}{5};\ 1{,}1;\ \frac{14}{15};\ \frac{27}{25}\right]$

e) immer 4,5

223

5. a) 3 $\left[2;\ \frac{5}{2};\ \frac{7}{2};\ \frac{3}{2};\ 3{,}75;\ \frac{17}{8}\right]$

b) 2 $\left[3;\ \frac{5}{2};\ \frac{3}{2};\ \frac{7}{2};\ 1{,}25;\ \frac{23}{8}\right]$

c) –0,025 $\left[-0{,}275;\ -0{,}15;\ 0{,}1;\ -0{,}4;\ \frac{13}{80};\ -\frac{39}{160}\right]$

d) $\frac{12}{5}$ $\left[0;\ \frac{6}{5};\ \frac{18}{5};\ -\frac{6}{5};\ 4{,}2;\ \frac{3}{10}\right]$

e) 1 $\left[-1{,}5;\ -0{,}25;\ 2{,}25;\ -2{,}75;\ \frac{23}{8};\ -\frac{19}{16}\right]$

6. a) x = 4 **b)** x = –3 **c)** x = 4 **d)** x = 4

224

7. a) Jan hat einen kleinen Ausschnitt von x = –10 bis x = 10 gewählt. Außerdem aber auf der y-Achse auch von y = –10 bis y = 10. Die Gerade steigt von x = –10 bis x = 10 nur um 0,02. Dadurch sieht es so aus, als ob die Gerade parallel zur x-Achse verläuft.

b) (1) Zum Beispiel von x = –0,5 bis x = 0 und y = –10 bis y = 10.
(2) Zum Beispiel von x = 1 499 bis x = 1 501 und y = –0,1 bis y = 0,1.
(3) Zum Beispiel von x = 28 bis x = 29 und y = –10 bis y = 10.

8. Der Einfluss der verschiedenen Einstellungen hängt einerseits vom Rechnermodell, andererseits aber auch von den vorherigen Einstellungen des Rechners ab. Die Geraden verlaufen ggf. steiler bzw. flacher.

9. Die Parallelen zur y-Achse sind keine Graphen von linearen Funktionen.

10. Hier ohne Tabelle und Graph.
y: Temperatur in °R, x: Temperatur in °C; Steigung m = 0,8;
Funktionsgleichung: y = 0,8x

11. a) Umwandlung °C in °F: y = 1,8x + 32
y: Temperatur in °F
x: Temperatur in °C
Umwandlung °F in °C: $x = \frac{5}{9}y - 17\frac{7}{9}$

b) –40°F = –40°C

c) Für normale Temperaturen ist die Faustformel ganz gut.

225

12. Die Punkte müssen auf einer Geraden liegen.

a) nein **b)** nein **c)** $y = -\frac{2}{3}x + 5$ **d)** $y = \frac{x}{2}$

225

13. x: Länge der Fahrstrecke (in km)
y: Mietkosten (in €)
Firma A: y = 40 + 0,13x
Firma B: y = 50 + 0,1x
Firma C: y = 0,4x
Firma D: y = 69

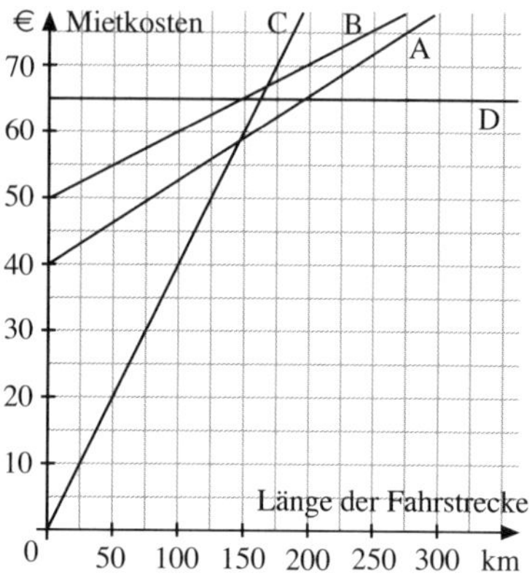

Welche Firma am günstigsten ist, hängt von der Länge der Fahrstrecke ab:
Bis etwa 150 km ist Firma C am günstigsten, von 150 km bis 180 km Firma A, ab 224 km zahlt man am wenigsten bei Firma D.

14. *1. Beispiel*
Sachverhalt: Eine Anfangs 8 cm hohe Kerze wird beim Brennen stündlich 1,5 cm kürzer.
Wertetabelle:

x	0	1	2	3	4	5
y	8,0	6,5	5	3,5	2	0,5

Funktionsgleichung: y = –1,5x + 8
Graph: Strecke von P (0 | 8) bis $Q\left(5\frac{1}{3}\middle|0\right)$

2. Beispiel
Sachverhalt: Ein Taxiunternehmen verlangt einen Grundpreis von 4,00 € und zusätzlich 0,50 € für jeden gefahrenen Kilometer.
Wertetabelle:

x	0	2	4	6	8
y	4	5	6	7	8

Funktionsgleichung: y = 0,5x + 4
Graph: Halbgerade von P (0 | 4) durch Q (8 | 8)

3. Beispiel
Sachverhalt: Das Ergebnis ist das Doppelte der Zahl vermindert um 1.
Wertetabelle:

x	0	1	2	3	4	5
y	–1	1	3	5	7	9

Funktionsgleichung: y = 2x – 1
Graph: Gerade durch P (0 | –1) und Q (1 | 1).

4. Beispiel
Sachverhalt: Eine Leiste kostet 2,00 € pro m.
Wertetabelle:

x	1	2	3	4	5
y	0,5	1	1,5	2	2,5

Funktionsgleichung: y = 0,5x mit x ≥ 0
Graph: Halbgerade von O (0 | 0) durch P (2 | 1).

225

15. Hier nur die Funktionsgleichungen:

a) $y = \frac{3}{4}x + 2$ **b)** $y = \frac{3}{4}x - 2$ **c)** $y = -\frac{4}{3}x + \frac{8}{3}$

16. (1) *Zum Beispiel:* y = 2, y = 4, y = 6… und y = 3x + 5, y = 3x, y = 3x – 5, y = 3x – 10, …

(2) *Zum Beispiel:* y = 1,5x + 5, y = 1,5 x, y = 1,5x – 5, y = 1,5x – 10, … und $y = -\frac{1}{3}x + 10$, $y = -\frac{1}{3}x + 8$, $y = -\frac{1}{3}x + 6$ …

(3) *Zum Beispiel:* $y = \frac{1}{2}x$, y = x, y = 2x, y = 3x, y = –3x, y = –2x, y = –x, $y = -\frac{1}{2}x$

17. -

Im Blickpunkt: Energie sparen

226

1. a) $5{,}00\,€ + 1000 \cdot \frac{15}{1000} \cdot 0{,}13\,€ = 6{,}95\,€$ (Energiesparlampe)

$0{,}80\,€ + 1000 \cdot \frac{75}{1000} \cdot 0{,}13\,€ = 10{,}55\,€$ (Glühlampe)

$[5{,}00\,€ + 8000 \cdot \frac{15}{1000} \cdot 0{,}13\,€ = 20{,}60\,€$ (Energiesparlampe)]

$[8 \cdot 0{,}80\,€ + 8000 \cdot \frac{75}{1000} \cdot 0{,}13\,€ = 84{,}40\,€$ (Glühlampe)]

b)

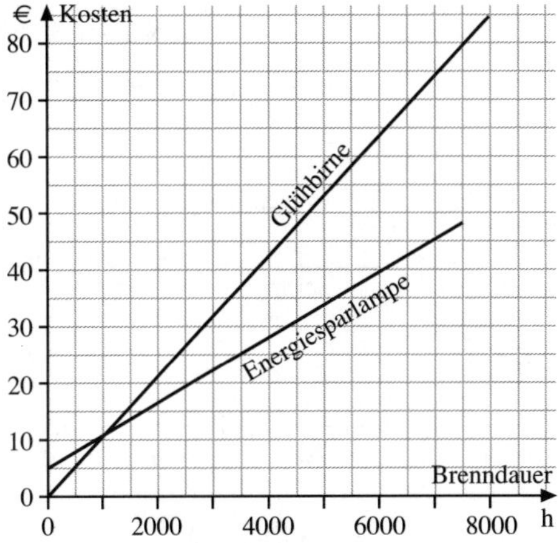

2. *Kosten für 18 Spielstunden:* Batterien: 1,80 €; Akkus: 8 € + 9 € + 0,000234 €

also: 1,80x = 17 + 0,000234x

x = 9,44567...

Nach ungefähr 9,45 · 18 Spielstunden, also etwa nach 170 Spielstunden hat sich der Kauf der Akkus finanziell gelohnt.

3. -

5.7 Aufgaben zur Vertiefung

227

1. 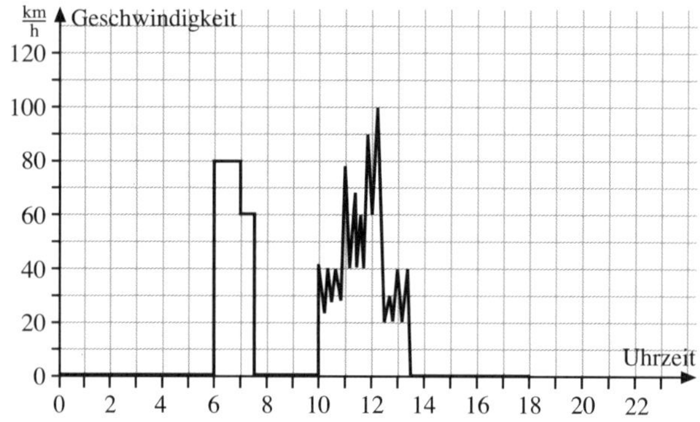

Die Fahrt begann um 6.00 Uhr. Bis 7.00 Uhr betrug die Geschwindigkeit $80\,\frac{km}{h}$, dann bis 8.30 Uhr $60\,\frac{km}{h}$. Nach einer Pause bis 10.00 Uhr begann die Fahrt erneut. Die Geschwindigkeit variierte bis 11.00 Uhr zwischen $40\,\frac{km}{h}$ und etwas unter $20\,\frac{km}{h}$, dann bis 12.00 Uhr zwischen $40\,\frac{km}{h}$ und $90\,\frac{km}{h}$, kurz nach 12.00 Uhr stieg sie von $60\,\frac{km}{h}$ auf $100\,\frac{km}{h}$, dann von 12.15 Uhr bis 14.30 Uhr wieder zwischen $20\,\frac{km}{h}$ und $40\,\frac{km}{h}$. Die Fahrt endete um 14.30 Uhr.

2. a) 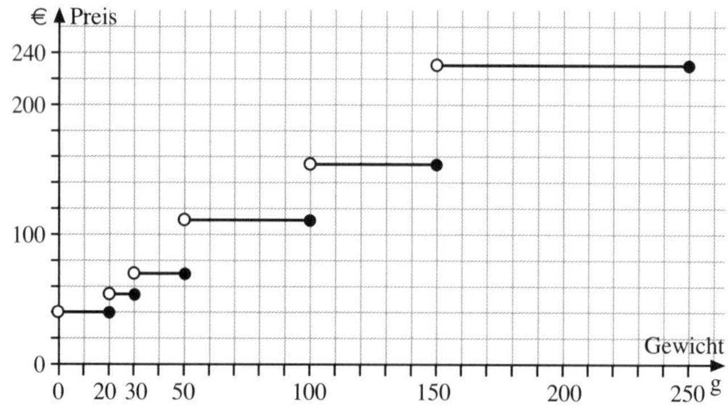

b)

$$f(x) = \begin{cases} 40{,}44; & 0 < x \leq 20 \\ 57{,}78; & 20 < x \leq 30 \\ 75{,}11; & 30 < x \leq 50 \\ 115{,}55; & 50 < x \leq 100 \\ 156{,}00; & 100 < x \leq 150 \\ 231{,}10; & 150 < x \leq 250 \end{cases}$$

227

3. a)
$$f(x) = \begin{cases} 0{,}30x; & 0 \le x \le 1\,000 \\ 0{,}27x; & 1\,000 < x \le 3\,000 \\ 0{,}26x; & 3\,000 < x \le 5\,000 \\ 0{,}25x; & 5\,000 < x \end{cases}$$

b)

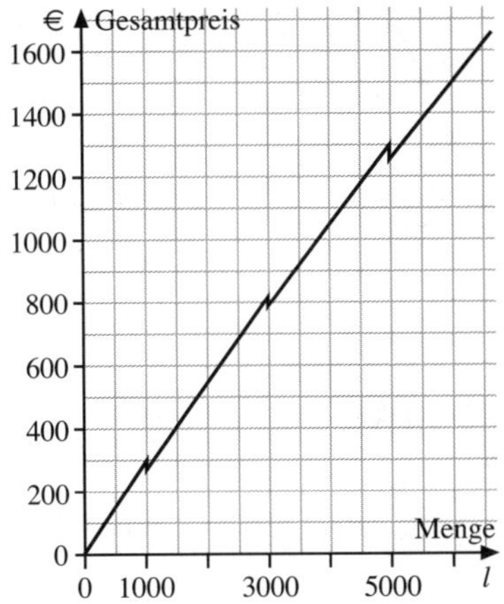

c) 3 000 ℓ kosten 810 €; 3 001 ℓ kosten 780,26 €
d) An den Übergangsstellen ist der Graph „ausgeglichen", sodass keine „Sprünge" im Graph vorkommen.
e) Je nach Steigung der Ausgleichungsgeraden.

228

4. Druckfehler in der 1. Auflage: Im rechten Bild sollte der Graph abgebildet werden.

$$f(x) = \begin{cases} -x+1 & \text{falls } x < 3 \\ -2 & \text{falls } x \ge 3 \end{cases}$$

5. a) $29 + (s - 50) \cdot 0{,}2 = 0{,}2s + 19$

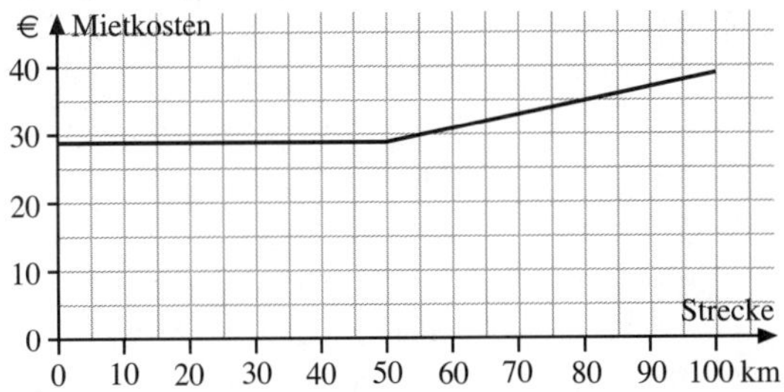

b) Pauschale 29 € am Tag. 50 km frei. Darüber 20 Cent pro km.

228

6. **a)** Der Graph wird für $x \leq 2$ an der x-Achse gespiegelt.

b) Die Graphen sind identisch. Der Graph von $f(x) = 2x - 4$ wird für $x \leq 0$ an der zur x-Achse parallelen Geraden durch P (0 | –4) gespiegelt.

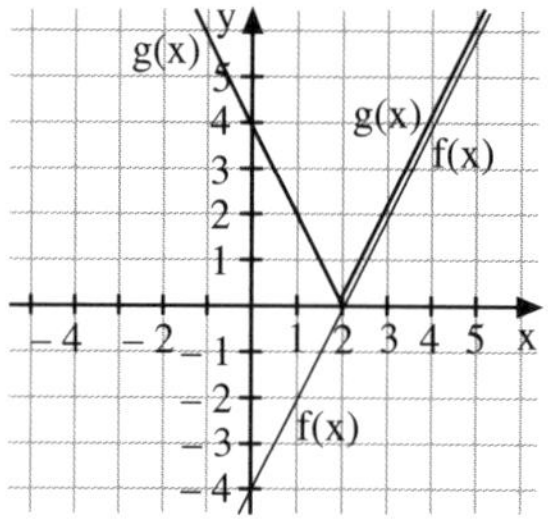

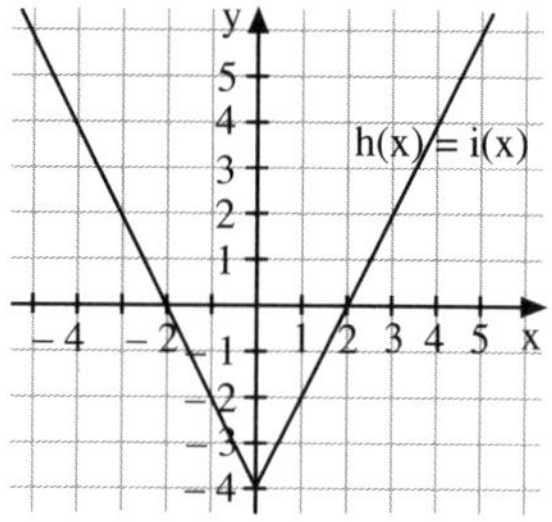

7. Tarif 1: $f(x) = 51 + 0{,}42x$

Tarif 2: $g(x) = \begin{cases} 78; & 0 \leq x \leq 50 \\ 78 + 0{,}28(x - 50) = 0{,}28x + 64; & x > 50 \end{cases}$

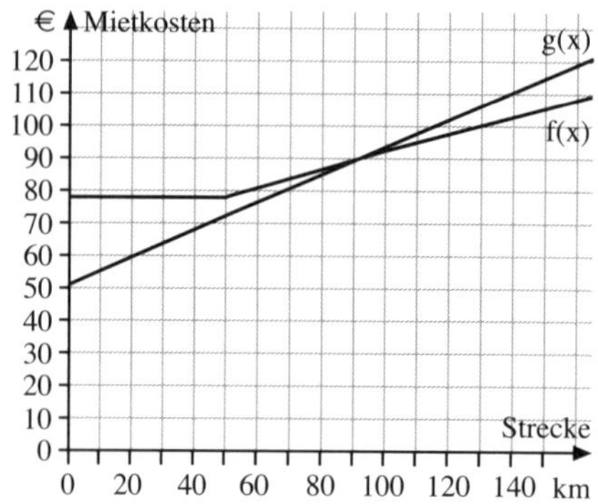

Für Strecken bis 92 km ist Tarif 1 günstiger als Tarif 2, ab 93 km ist Tarif 2 günstiger.

228

8. a) 1 €; 2 €; 3,70 €; 4,50 €; 23,30 €; 30,50 €

b)

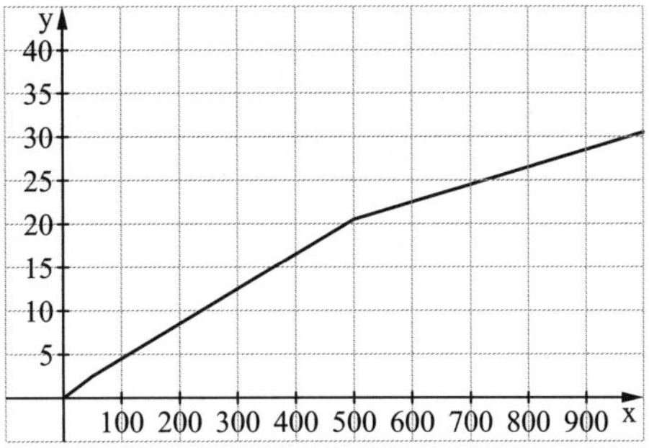

Abschnitt 1 € - 50 €: $y = 0{,}05 \cdot x$

Abschnitt > 50 € - 500 €: $y = 2{,}5 + 0{,}04 \cdot (x - 50{,}01)$

Abschnitt > 500 €: $y = 20{,}5 + 0{,}02 \cdot (x - 500{,}01)$

(x = Verkaufspreis; y = Provision)

c)

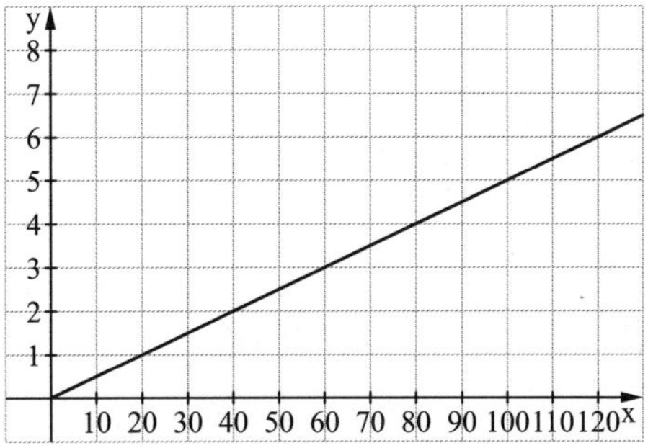

Für höhere Verkaufspreise wird die Provision leicht weniger.